垣曲县

耕地地力评价与利用

王小果　主编

中国农业出版社

本书是对山西省垣曲县耕地地力调查与评价成果的集中反映。是在充分应用"3S"技术进行耕地地力调查并应用模糊数学方法进行成果评价的基础上，首次对垣曲县耕地资源历史、现状及问题进行了全面、系统的分析、探讨，并应用大量调查分析数据对垣曲县耕地地力、中低产田地力、耕地环境质量和不同类型的规模型经济作物用地状况等做了深入细致的分析。揭示了垣曲县耕地资源的本质及目前存在的问题，提出了耕地资源合理改良利用意见，为垣曲县各级农业科技工作者、各级农业决策者制订农业发展规划，调整农业产业结构，加快绿色、无公害农产品基地建设步伐，保证粮食生产安全，科学施肥，退耕还林还草，进行节水农业、生态农业以及农业现代化、信息化建设、促进全县农村经济发展提供了科学依据。

本书共八章。第一章：自然与农业生产概况；第二章：耕地地力调查与质量评价的内容与方法；第三章：耕地土壤属性；第四章：耕地地力评价；第五章：耕地土壤环境质量评价；第六章：中低产田类型分布及改良利用；第七章：干果土壤质量状况及培肥对策；第八章：耕地地力调查与质量评价的应用研究。

本书适宜农业、土肥科技工作者及从事农业技术推广与农业生产管理的人员阅读。

编 委 会 名 单

主　　任：孟晓民

副 主 任：毕丽红　闫忠诚

主　　编：王小果

副 主 编：董小元　杨建勋

编写人员（按姓名笔画排序）：

王　强	王小果	史华锋	兰晓庆
乔红进	刘　超	刘志强	刘桂朝
严丰收	杨利民	杨建勋	张正平
张创业	赵云云	赵海霞	贺红梅
贺春兰	郭备战	陶国树	崔百成
董小元	潘风香		

序

　　农业是国民经济的基础，农业发展是国计民生的大事。为适应我国农业发展的需要，确保粮食安全和增强我国农产品的竞争能力，促进农业结构战略性调整和优质、高产、高效、生态农业的发展。针对当前我国耕地土壤存在的突出问题，2005年在农业部精心组织和部署下，在山西省农业厅和山西农业大学的指导协作下，垣曲县成为第二批测土配方施肥县。根据农业部《全国测土配方施肥技术规范》的要求，积极开展测土配方施肥工作，同时认真实施耕地地力调查与评价研究。在山西省土壤肥料工作站、山西农业大学资源环境学院、运城市土壤肥料工作站、垣曲县广大科技人员的共同努力下，2012年完成了垣曲县耕地地力调查与评价工作。通过开展耕地地力调查与评价工作，摸清了垣曲县不同类型耕地地力状况与分布，查清了影响当地农业生产持续发展的主要制约因素，建立了垣曲县耕地地力评价体系，提出了垣曲县耕地资源合理配置及耕地适宜种植、科学施肥及土壤退化修复的意见和方法，初步构建了垣曲县耕地资源信息管理系统。这些成果为全面提高垣曲县农业生产整体水平，实现耕地质量计算机动态监控管理，适时提供辖区内各个耕地基础管理单元土、水、肥、气、热状况及调节措施提供了基础数据平台和管理依据。同时，也为各级农业决策者制订农业发展规划，调整农业产业结构，加快绿色食品基地建设步伐，保证粮食生产安全以及促进农业现代化建设提供了最基础的第一手资料和最直接的科学依据。也为今后大面积开展耕地地力调查与评价工作，实施耕地综合生产能力建设，发展旱作节水农业、测土配方施肥及其他农业新技术普及工作提供了技术支撑。

该书系统地介绍了耕地资源评价的方法与内容,应用大量的调查分析资料,分析研究了垣曲县耕地资源的利用现状及存在的问题,提出了合理利用的对策和途径。该书集理论指导性和实际应用性为一体,是一本值得推荐的实用技术读物。我相信,该书的出版将对垣曲县耕地的培肥地力和保养、耕地资源的合理配置、农业结构进一步调整及提高农业综合生产能力起到积极的促进作用。

王高勇

2013 年 12 月

前言

　　自从人类开启刀耕火种以来，耕地就是人类获取粮食及其他农产品最重要、不可替代、不可再生的资源，是人类赖以生存和发展的的物质基础和最基本的生产资料，是农业发展必不可少的根本保障。新中国成立以来，山西省垣曲县先后开展了两次土壤普查。两次土壤普查工作的开展，为垣曲县国土资源的综合利用、施肥制度改革、粮食生产安全做出了重大贡献。近年来，随着农村经济体制的改革以及人口、资源、环境与经济发展矛盾的日益突出，农业种植结构、耕作制度、作物品种、产量水平，肥料、农药使用等方面均发生了巨大变化。由此，也产生了诸多问题与矛盾，如耕地数量锐减、土壤退化与污染、水土流失严重等问题。针对这些问题，开展耕地地力评价工作是非常及时、必要和有意义的。特别是对耕地资源合理配置，农业结构调整，保证粮食生产安全，实现农业可持续发展有着非常重要的意义。

　　垣曲县耕地地力评价工作，于2009年6月底开始到2012年9月结束，完成了垣曲县5镇、6乡、188个行政村的39.4万亩耕地的调查与评价任务。3年共采集土样3 600个，并调查访问了2 000个农户的农业生产、土壤生产性能、农田施肥水平等情况；认真填写了采样地块登记表和农户调查表，完成了3 600个样品常规化验、中微量元素分析化验、数据分析和收集数据的计算机收录工作；基本查清了垣曲县耕地地力、土壤养分、土壤障碍因素状况，划定了垣曲县农产品种植区域；建立了较为完善的、可操作性强的、科技含量高的垣曲县耕地地力评价体系，并充分应用GIS、GPS技术初步构筑了垣曲县耕地资源信息管理系统；提出了垣曲县耕地保护、地力培肥、耕地适宜种植、科学施肥及土壤退化修复办法等；形成了具有生产指导意义的多幅数字化成果图。收集资料之广泛、调查数据之系统、内容之全面是前所未有的。这些成果为全面提高农业工作的管理水平，实现耕地质量计算机动态监控管理，适时提供辖区内各个耕地基础管理单元土、水、肥、气、热状况及调节措施提供了基础数据平台和管理依据。同时，也为各级农业决策者制订农业发展规划，调整农业产业结构，加快绿色食品基地建设步伐，保证粮食生产安全，进行耕地资源合理改良利用，科学施肥以及退耕还林还草、节水农业、生态农业、农业现代化建设提供了第一手资料和最直接的科学依据。

为了将调查与评价成果尽快应用于农业生产，在全面总结垣曲县耕地地力评价成果的基础上，引用大量成果应用实例和第二次土壤普查、土地详查有关资料，编写了《垣曲县耕地地力评价与利用》一书。首次比较全面系统地阐述了垣曲县耕地资源类型、分布、地理与质量基础、利用状况、改善措施等，并将近年来农业推广工作中的大量成果资料录入其中，从而增加了该书的可读性和可操作性。

在本书编写的过程中，承蒙山西省土壤肥料工作站、山西农业大学资源环境学院、运城市土壤肥料工作站、垣曲县农业委员会广大技术人员的热忱帮助和支持，特别是垣曲县农业委员会的工作人员在土样采集、农户调查、数据库建设等方面做了大量的工作。孟晓民安排部署了本书的编写，由毕丽红、闫忠诚、王小果、董小元、杨建勋完成本书的编写工作；参与野外调查和数据处理的工作人员有闫忠诚、刘桂朝、张正平、杨利民、王强、赵小康、王小果、董小元、严丰收、赵云云、潘凤香、贺红梅、贺春兰、马志辉、田东杰、李东海、张成辉、高婷婷、关亚平、尹淑霞、高研妮、韩龙、张勇、张小庆、郭言苹、邵东武；土样分析化验工作由运城市土壤肥料工作站检测中心完成；图形矢量化、土壤养分图、数据库和地力评价工作由山西农业大学资源环境学院和山西省土壤肥料工作站完成；野外调查、室内数据汇总、图文资料收集和文字编写工作由垣曲县农业委员会完成，在此一并致谢。

编　者
2013 年 12 月

目 录

序

前言

第一章 自然与农业生产概况

第一节 自然与农村经济概况

一、地理位置与行政区划

垣曲县历史悠久，商周为亘方，春秋为东山皋落氏部族。战国魏地称垣县，东汉、魏晋时为东垣。北魏皇兴四年（470 年）改名白水县，北周武成元年（559 年）改为亳城县，隋复称垣县。宋代始称垣曲县，至今未改。

垣曲县位于山西东南部，东跨王屋，西踞中条，南界黄河，北接太行，山环水绕，沟壑纵横，地貌破碎。地势西北高、东南低。主要山峰东北有舜王坪、锯齿山、流流山、皇姑漫等，海拔均在 1 500 米以上。地理坐标为：北纬 35°00′～35°39′，东经 111°31′～112°10′。东界至西界最宽间距 63 千米，北界至南界最宽间距 58 千米。最高峰舜王坪海拔为 2 358 米，最低海拔为 167 米。国土总面积 1 620 平方千米。

垣曲县辖 5 镇、6 乡、188 个行政村，垣曲县总人口 23.101 8 万人。其中，农业人口 15.215 6 万人，占总人口的 69.63%，详细情况见表 1-1。

表 1-1 垣曲县行政区划与人口情况（2010 年）

乡（镇）	总人口（人）	行政村（个）	村民小组	自然村（个）
新城镇	76 386	15	80	55
历山镇	13 755	22	122	22
古城镇	23 525	26	126	26
王茅镇	10 516	13	63	33
毛家镇	10 832	11	78	90
皋落乡	20 720	15	116	15
长直乡	12 998	17	96	134
英言乡	17 664	21	156	21
解峪乡	6 332	10	62	106
华峰乡	21 591	24	159	68
蒲掌乡	16 699	15	123	135
总计	231 018	188	1 181	705

二、土地资源概况

据 2002 年资料显示，垣曲县国土面积 1 619.68 平方千米（242.95 万亩*），居运城

---

* 亩为非法定计量单位，1 亩＝1/15 公顷。

地区之首。垣曲县山地丘陵面积大，垣地与川地比例小，以南北两山为主的土石山面积1 169.41平方千米，占全县国土面积的72.2%；黄土丘陵地404.92平方千米，占25%；以东西两垣垣面为主的台垣平地45.35平方千米，占2.8%。全县耕地面积39.4万亩，占16.24%。

三、自然气候与水文地质

（一）气候

垣曲县属温带大陆性气候，四季分明。春季干旱多风，夏季雨量集中，秋季常有短暂连绵雨出现，冬季少雪。

1. 气温 年平均气温13.3℃，其中1月最低，为-2～-1℃；7月最高，为27～28℃；3～5月气温回升较快，比前1月升高6℃左右。气温的日较差为8.7～12.3℃，年平均为10℃。5～6月日较差最大，11月最小。

极端气温，最高为1966年6月22日41.5℃，最低为1970年1月5日-14.5℃。

2. 地温 随着气温的变化，土壤温度也发生相应变化。5～20厘米的浅层地中温度，夏季低于地面温度2～6℃，冬季高于2～3℃。

3. 积温 ≥0℃的初日为2月中、下旬，终日为12月上旬，持续期295天，年积温4 899℃。≥0℃，80%保证率的初日为3月上旬，终日为11月下旬，持续期260天左右，积温4 757.6℃，农耕期平均9个月左右。

4. 降水量 年降水量为640.2毫米，夏、秋季较多，平均夏季为349.1毫米，占年降水量的53.4%；秋季为172毫米，占年降水量的26.3%；冬季为25.8毫米，占年降水量的3.7%；春季为108.7毫米，占年降水量的16.6%。雨期基本同期，春末夏初多出现干热风。1958年7月14～20日，出现历时7天强降水，总降水量499.6毫米。

5. 蒸发量 根据气象站20年的观测记载，垣曲县年平均蒸发量为2 207.2毫米，其中冬季为270.1毫米，夏季为871.4毫米，春季为655.3毫米，秋季为410.2毫米，从地理分布来讲，由低到高，蒸发量逐渐减少。

（二）成土母质

垣曲县成土母质主要有以下6种。从山区到河谷阶地的母质类型有：

1. 残积母质 即未经搬运的当地岩石风化物。主要特征：

（1）多分布在山顶、坡顶或山坡上部。

（2）地表母质直接由其下的基岩风化而来。

（3）母质与母岩特性相似：比如花岗片麻岩，多风化为石英、长石、云母的沙砾状母质，质地较粗，一般为砾质含沙壤或轻壤；又如石英岩、页岩多风化为轻壤质含石英沙碎屑残积物。又如石灰岩、白云岩多风化为紫色、灰色、黄绿色等富含钙、镁的中壤—重壤质残积物；泥岩多风化为黏土质残积物等。

2. 坡积母质 指通过水及重力作用将坡顶、坡上的岩石风化物堆积到坡下及坡脚的成土母质。主要特征：

（1）多分布在山坡中下部及山前缓坡地带。

（2）母质中多砾石，且砾石棱角明显。

（3）砾石成分与山顶岩性一致。

3. 黄土母质 包括黄土（马兰黄土）和红黄土（离石黄土）。

（1）黄土：垣曲县有零星分布，面积不大，主要特征：

①浅灰黄色，轻壤质地为主。

②上下颜色、质地均一，无层理。

③石灰反应较强。

④豆状钙质结核少。

（2）红黄土：在垣曲县二级阶地以上的山地、丘陵等地形部位均有较大面积的分布。其上发育的土壤多为褐土性土及山地褐土。主要特征：

①红黄色，中、重壤质地为主。

②在深厚的母质中有一条以上的红色、红褐色条带。

③石灰反应强弱不一。

④有成层和较多的料姜。

如未经流水搬动粗的原生黄土、红黄土母质在土壤分类中常以"黄土质"、"红黄土质"称之。如经流水搬运但仍基本保留原母质特征的次生母质以"黄土状"称之。

4. 红黏土母质 主要分布在垣曲县古城、历山、皋落等乡（镇）的丘陵沟壑、山地中下部一带。其上多发育为红黏土质褐土性土和红黏土质山地褐土，主要特征：

（1）紫红、褐红色黏土质地。

（2）呈核状结构，结构面上铁锰胶膜明显。

（3）一般无石灰反应或反应极微。

（4）有大块状、层状料姜出现。

5. 冲积母质 是由河水长期流动过程中夹带的泥沙沉积而成的。其主要特点：

（1）多分布在黄河北岸、亳清、允西、板涧、西阳等河流两岸的河漫滩及一级阶地上。其发育的土壤多为浅色草甸土及小面积的褐化浅色草甸土。

（2）水平沉积层理明显，沙黏成层，重叠相间。

（3）有时下部出现磨圆度较高的卵石层和砾石层。

6. 洪淤母质 在垣曲县有零星分布，主要在"U"形沟地部及山间谷地。特点是：

（1）泥石沙砾混杂相间，土体没有明显发育层次。

（2）砾面大小不等，且磨圆度差。

（三）河流与地下水

垣曲县河流均属黄河水系，较大的河流从西到东依次为五福涧河、板涧河、亳清河、沇河和西阳河，主河流流向以 NW-SE 向和 N-S 向为主，水系呈树枝状展布，黄河由五福涧入境，显蛇曲状由西向东，沿县境南部边界通过，为本区地表水、地下水的最低排泄基准面，并严格控制区内水文网的分布。其次沿黄河北岸还发育有千金沟、安窝沟、龙潭沟、阎家河、芮村河等多处间歇性河流，从北到南直接汇入黄河。

1. 地表水 垣曲县水利资源丰富，地表水多年平均径流量为 2.41 亿立方米，较大的河流除黄河外，还有西阳河、沇西河、亳清河、板涧河、五福涧河。

黄河在县境干流段总长 46 千米，比降 1.6％，平均流量 1 080 立方米/秒。

垣曲县五大河系由于流域面积较大，地表水的补给较充足，故主干流表现为常年性河流，由于降水补给河川径流量在时间上分布不均，随季节变化明显。根据评估计算，多年地表水资源量平均为 2.41 亿立方米/年。

2. 地下水 垣曲县河槽区及碳酸盐岩分布区地下水量较丰富；黄土丘陵台垣区及基岩裂隙水分布区水量贫乏。水质类型一般为 HCO_3-Ca 型或 HCO_3-CaMg 型。由于地下水类型受地质构造，地貌条件控制，据岩性并结具体情况，可划分为：松散岩类裂隙水、碎屑岩类裂隙孔隙水、碳酸盐岩类裂隙溶洞水、基岩（变质岩类、岩浆岩类）裂隙水 4 类。

由于水文地质条件限制，地下水源分布不均，除沇河、亳清河地下水易开采外，大部分地区开采条件不佳。

（四）自然植被

垣曲县自然植被随地形部位的不同而类型有别。

1. 河漫滩 自然植被主要有芦草、荆三棱、八字蓼、水稗、委陵菜、苍耳、鬼针、马鞭草、爬地龙、沙蓬等。覆盖度 50％～85％，植株高度 15～30 厘米。

2. 一级、二级阶地 海拔为 210～250 米，自然植被主要有：

乔木：柿、栎、杨、刺槐、泡桐。

灌木：酸枣、枸杞等。

草本：青蒿、达乌里胡枝子、白屈菜、角蒿、苦苣、灰菜、绊马鞭、狗尾、虎尾等。

3. 高阶地、黄土垣台 海拔为 300～450 米，自然植被主要有：

乔木：柿、槐、桐、杨树等。

灌木：酸枣、荆条、枸杞等。

草本：青蒿、雀稗、毛地黄、牛皮硝、白屈菜、白草、羽茅、箭叶旋花、艾草等。

4. 丘陵 海拔为 400～600 米，自然植被主要有：

乔木：侧柏、枣、柿、核桃、泡桐、杨、槐等。

灌木：酸枣、枸杞、杜梨、荆条、河朔花等。

草本：铁秆蒿、紫花地丁、白草、羽茅、阿尔泰紫苑、沙棘豆、麻黄等。

5. 低山 海拔为 600～1 000 米，自然植被主要有：

乔木：零星分布橡树、栎树、槭树等。

灌木：杜梨、刺玫、连翘、绣线菊、小叶锦鸡儿、荆条等。

草本：铁秆蒿、杜蒿、青蒿、葡萄叶白头翁、羽茅、披碱草、野蒜、百合等。覆盖率 70％～80％，草本高度 20～40 厘米。

6. 低中山 海拔为 1 000～1 500 米，自然植被主要有：

乔木：油松、柞树、栎、槭、桦、杨、侧柏等。

灌木：连翘、胡枝子、山葡萄、刺玫、绣线菊等。

草本：野青蒿、铁秆蒿、沙草、蓝盆花、百合、地榆、委陵菜、苍术、红蓼、鹅冠草、红公鸡、地柏、苔藓等。覆盖率 90％左右，草本高度 30～70 厘米，林木郁闭度 0.6 左右。

7. 高中山 海拔为 1 500～2 300 米，自然植被主要有：

乔木：油松、落叶松、桦、栎、杨等。

灌木：刺玫、胡枝子、绣线菊、报春、忍冬等。

草本：冰菱花、牛夕夕、沙草、苔草、火绒草、地榆、柴胡、大卫马先草、蓼芦、蓬子菜、地柏、苔藓、山野豌豆等。覆盖率90％以上，草本高度20～60厘米，林木郁闭度0.7～0.9。

四、农村经济概况

2011年，垣曲县农村经济总收入为 43 148.2 万元。其中，农业收入为 18 506.2 万元，占 42.89％；林业收入为 1 278.5 万元，占 2.96％；畜牧业收入为 7 069.52 万元，占 16.38％；渔业收入为 778.0 万元，占 1.8％。农林牧渔服务业及其他收入为 14 815.06 万元，占 35.97％。农民人均纯收入为 3 732 元。

改革开放以后，农村经济有了较快发展。农村经济总收入，1965 年为 932 万元，1975 年为 1 641 万元，10 年间提高 76.1％；1985 年为 6 257 万元，约为 1975 年的 4 倍；1995 年为 21 232 万元，为 1985 年的 3.4 倍；2005 年为 27 175 万元，为 1995 年的 1.27 倍。农民人均纯收入也有了较快的提高。1985 年为 40 元，1965 年为 50 元，1975 年为 63 元，1980 年为 92 元。1982 年达到 119 元；1992 年达到 395 元；1995 年达到 821 元；1998 年达到 138 元；2005 年突破 1 000 元大关，达到 1 087 元。2010 年突破 3 000 元大关，达到 3 144 元；2011 年达到 3 732 元。

第二节　农业生产概况

一、农业发展历史

垣曲县早在三皇五帝时期就有舜耕于历的传说，传说中历山舜王坪的犁沟就是佐证，此后舜王的传说绵延不绝，舜王坪也由此得名。新中国成立以后，垣曲农业生产有了较快发展，特别是中共十一届三中全会以后，农业生产发展迅猛。随着农业机械化水平不断提高，农田水利设施的建设，农业新技术的推广应用，农业生产迈上了快车道。垣曲县粮食生产进入了一个快速发展时期，棉花、油料、烟叶、蚕桑等农业生产都有了飞跃发展，曾荣获农业部、山西省农业厅多次表彰奖励。1949 年全县粮食总产仅为 11 350 吨，棉花产量为 126.25 吨，水果为 2 515 吨；1980 年粮食总产达到 56 055 吨，为 1949 年的 3.89 倍；棉花总产 1 393 吨，为 1949 年的 6.69 倍；水果总产量 4 465 吨，为 1949 年的 1.78 倍；1995 年粮食总产达 5 549.8 吨，是 1980 年的 1.65 倍；棉花总产 144.9 吨，是 1980 年的 1.71 倍。见表 1－2。

二、农业发展现状与问题

2011 年，粮食总产达 69 800.1 吨，棉花总产 557.0 吨，油料总产 453.5 吨，水果总产 15 395.5 吨，猪牛羊肉 8 625 吨，农民人均纯收入 3 732 元（表 1-2）。

表 1-2 垣曲县主要农作物总产量

年 份	粮 食（吨）	油 料（吨）	棉 花（吨）	水 果（吨）	猪、牛、羊、肉（吨）	农民人均纯收入（元）
1949	11 350	170	125	1 570	126	30
1960	24 905	75	300	1 682	521	53
1965	36 050	265	900	1 618	1 123	50
1970	38 460	145	1 205	2 368	880	53
1975	53 348	96	1 039	2 369	1 225	63
1980	56 055	210	1 395	3 116	2 579	92
1985	60 455	510	605	3 572	1 989	270
1990	65 903	1 678	1 184	2 609	3 575	384
1995	55 498	1 417	1 449	3 859	8 089	821
2000	68 137	1 593	591	4 840	7 066	1 569
2005	3 396.9	277	311	7 107	9 156	1 087
2010	65 966.2	372.9	532.2	9 920.63	6 830	3 144
2011	69 800.1	453.5	557.0	15 395.5	8 625	3 732

垣曲县光热资源丰富，园田化和梯田化水平较高，但可利用水资源较缺，是农业发展的主要制约因素。全县耕地面积 39.4 万亩，水田水浇地面积 8.52 万亩，占耕地面积 0.22%；有效灌溉面积 8.1 万亩，占耕地面积的 0.20%。

2011 年，垣曲县农、林、牧、副、渔业总产值为 59 590.6 万元。其中，农业产值 29 322.0 万元，占 49%；林业产值 4 672.2 万元，占 8%；牧业产值 19 296.4 万元，占 32%；渔业产值 1 656.0 万元，占 3%；农林牧渔服务业 4 644 万元，占 8%。

垣曲县 2011 年粮食作物面积 40.08 万亩，油料作物 0.68 万亩，棉花面积 0.836 万亩，蔬菜面积 1.824 万亩，薯类 0.536 万亩，豆类 1.346 万亩，烟叶 0.896 万亩。

畜牧业是垣曲县一项优势产业，2006 年末，全县大牲畜，牛 7 160 头，马 800 匹，驴 300 头，骡 100 头；猪 68 406 头，羊 72 710 万只；鸡 43.59 万只，兔 6.63 万只，养蜂 4 519 箱。

垣曲县农机化水平较高，田间作业基本实现机械，大大减轻劳动强度，提高了劳动效率。2011 年全县农机总动力为 28.4 万千瓦。拖拉机 4 004 万台，其中大中型 1 397 台，小型 2 607 台。种植业机具门类齐全。机引犁 2 996 台，化肥深施机 2 461 台，机引铺膜机 500 台，秸秆粉碎还田机 771 台，排灌动力机械 498 台，机动喷雾器 1 100 台，联合收割机 304 台，农副产品加工机械 1 535 台；农用运输车 9 511 辆；农用载重车 9 560 辆；推土机 2 400 台。全县机耕面积 22.23 万亩，机播面积 19.9 万亩，机收面积 18 万亩。农用化肥折纯用量 1.463 万吨，农膜用量 106.65 吨，农药用量 20 吨。

垣曲县共拥有各类水利设施 500 处（眼），其中引黄工程投入使用，小型水利设施 200 处，大型电灌站 40 处，中小型电灌站 80 处，机电井 300 眼。

从垣曲县农业生产看，一是粮田面积不断扩大；二是棉田面积波动大，呈减少趋势；三是蔬菜面积呈下降趋势。分析其原因，人工费普遍提升，种粮机械化程度高，用工少；而棉花、蔬菜市场价格波动大，用工多，种田不如打工，面积下降，同时随着人工费的提升，种粮效益比较低。粮田面积虽然扩大，但管理粗放。

第三节　耕地利用与保养管理

一、主要耕作方式及影响

垣曲县的农田耕作方式有一年两作，即小麦—玉米（或豆类），一年一作（小麦或棉花）。一年两作，前茬作物收获后，秸秆还田旋耕，播种，旋耕深度一般 20～25 厘米。好处，一是两茬秸秆还田，有效地提高了土壤有机质含量；二是全部机耕、机种，提高了劳动效率；缺点是土地不能深耕，降低了活土层。一年一作是旱地小麦或棉花薯类。前茬作物收获后，在伏天或冬前进行深耕，以便接纳雨雪、晒垡。深度一般可达 25 厘米以上，以利于打破犁底层，加厚活土层，同时还利于翻压杂草。

二、耕地利用现状，生产管理及效益

垣曲县种植作物主要以冬小麦、夏玉米、棉花、油料、小杂粮、烟叶、蔬菜为主，兼种一些经济作物。耕作制度有一年一作、一年两作。灌溉水源有后河水库灌区、浅井、深井、河水、水库；灌溉方式河水大多采取大水漫灌，井水一般大多采用畦灌。一般年份，5 条河流两岸每季作物浇水 2～3 次，平均费用 20 元左右/（亩·次）；其他地区一般浇水 1～2 次，平均费用 60～80 元/（亩·次）。生产管理上机械水平较高，但随着油价上涨，费用也在不断提高。一年一作亩投入 80 元左右，一年两作亩投入 120 元左右。

据 2011 年统计部门资料，垣曲县农作物总播种面积 44.318 万亩，粮食播种面积为 40.08 万亩，占用耕地 28 万亩。粮食总产量为 72 535.68 吨，其中小麦面积为 22.098 万亩，总产 34 061.86 吨；玉米 15.78 万亩，总产 36 020.53 吨，亩产 228.28 千克；豆类 1.346 万亩，总产 993.33 吨，亩产 73.82 千克；薯类（折粮）0.536 万亩，总产 1 199.32 吨，亩产 223.59 千克；油料 0.680 万亩，总产 538.84 吨，亩产 64.49 千克；棉花 0.836 万亩，总产 538.84 吨，亩产 64.49 千克；蔬菜 1.824 万亩，总产 21 775.94 吨，亩产 1 193.78 千克；烟叶 0.896 万亩，总产 810.51 吨，亩产 90.5 千克。

效益分析：高水肥地小麦平均亩产 400 千克，每千克售价 2.1 元，产值 840 元，投入 388 元，亩纯收入 452 元；旱地小麦一般年份亩产 200 千克，亩产值 420 元，投入 310 元，亩纯收入 110 元；玉米平均亩产 400 千克，每千克售价 2.0 元，亩产值 800 元，亩投入 283 元，亩收益 517 元；棉花亩产 144.7 千克，每千克售价 12 元，亩产值 660 元，亩投入 455 元，纯收入 205 元。这里指的一般年份，如遇旱年，旱地小麦收入更低，甚至亏本。旱地玉米，如遇卡脖旱，颗粒无收。水地小麦、玉米，如遇旱年，投入加大，收益降低。

三、施肥现状与耕地养分演变

垣曲县大田施肥情况是农家肥施用呈下降趋势。过去农村耕地、运输主要以畜力为主，农家肥主要是大牲畜粪便。1949 年全县仅有大牲畜 2.57 万头，新中国成立后，随着农业生产的恢复和发展，到 1954 年增加到 3.46 万头；1967 年发展到 3.04 万头；直到 1980 年以前一直在 3 万头以下徘徊。由于农业生产责任制的推行，农业生产迅猛发展，到 1981 年，大牲畜突破了 3 万头，达到 3.07 万头；1986 年达到 4.12 万头，突破了 4 万头；1990 年最多发展到 5.03 万头，突破 5 万头大关。由于农业机械化水平的提高，大牲畜又呈下降趋势，到 2006 年全县仅有大牲畜 0.792 万头。猪和鸡的数量虽然大量增加，但粪便主要施入菜田、果园等效益较高的经济作物。因而，目前大田土壤中有机质含量的增加主要依靠秸秆还田。化肥的使用量，从逐年增加到趋于合理。据统计资料，化肥施用量（折吨）1951 年全县仅为 5 吨，1975 年为 8 000 吨，1986 年为 10 478 吨，亩均施用量达 25 千克，1998 年施用化肥 13 044 吨。

2009 年，垣曲县平衡施肥面积 24.15 万亩，微肥应用面积 12.58 万亩，秸秆还田面积 10.5 余万亩，化肥施用量（实物）为 182 459 吨。其中，氮肥 6 575 吨，磷肥 4 907.9 吨，钾肥 1 090.6 吨，复合肥 5 676 吨。

随着农业生产的发展，秸秆还田，平衡施肥技术推广，2009 年，垣曲县耕地耕层土壤养分测定结果比 1984 年第二次全国土壤普查，普遍提高。土壤有机质平均增加了 6.54 克/千克，全氮增加了 0.236 克/千克，有效磷增加了 11.06 毫克/千克，速效钾增加了 99.28 毫克/千克。随着测土配方施肥技术的全面的推广应用，土壤肥力更会不断提高。

四、农田环境质量与历史变迁

农田环境质量的好坏，直接影响农产品的产量和品质。1980—2000 年，随着经济高速发展，全县工业发展很快，给农业生态环境带来严重污染。西阳、亳清、沇西、板涧 4 条河流是垣曲县农业灌溉的主要水源之一，不仅沿河的河滩地靠河水灌溉，而县 4 条河流均为黄河的支流，汇入黄河。由于中条山有色金属公司三大矿、冶炼厂及其他县有企业工业废水、废渣都排放，河流受到较严重污染。据 1995 年调查，全县污水、废物的排放，严重污染农田。2000 年大气中环境质量主要指标为二氧化硫平均浓度为 0.082 毫克/立方米，氮氧化物平均浓度为 0.024 毫克/立方米，总悬浮微粒平均浓度为 0.352 毫克/立方米，符合国家质量三级标准，对周围农田正常生长有一定影响。2000 年以后，由于各级政府环保力度的加大，不达标的造纸厂、土炼焦、小高炉全部关闭。至 2000 年县政府对 25 家重点企业进行了环保全面达标整改，取缔停办了污染企业 20 家，对高污染企业也进行了卓有成效的整治，共建废水处理设施 31 套，处理工业废水 5 437 万吨；建设废气处理设施 75 套，工业烟尘除尘量达 0.191 万吨。为农田环境日益好转，打下了基础。

垣曲县环境质量现状：

（1）空气：垣曲县 2005 年空气质量二级天数为 320 天，其余为三级，空气中主要污

染物为 SO_2，年平均 SO_2 指标为 0.042 毫克/立方米，NO_2 为 0.016 毫克/立方米。

（2）地表水：县域内主要河流为亳清河、西阳河、板涧河、五福涧河、允西河 5 条河流，属黄河流域，评价区黄河段执行《地表水环境质量标准》（GB 3838—2002）中五类标准，水质现状为四类，水质指标 COD 值为 135 毫克/升左右，NH_3-N 值为 25 毫克/升左右。

（3）地下水：县域地下水总量 4 132 万立方米，水质类型为 HCO_3-Ca、HCO_3-CaMg、HCO_3-Mg 或 HCO_3-Na 型水，评价区地下水执行《地下水环境质量标准》（GB/T 14848—1993）中三类水标准。

五、耕地利用与保养管理简要回顾

1984—1995 年，根据全国第二次土壤普查结果，垣曲县划分了土壤利用改良区，根据不同土壤类型、不同土壤肥力和不同生产水平，提出了合理利用培肥措施，达到了培肥土壤目的。

特别是近年来国家对农业项目的倾斜，1995—2009 年，随着农业产业结构调整步伐加快，实施沃土计划，推广平衡施肥，小麦、玉米两茬秸秆直接还田，特别是 2009 年，测土配方施肥项目的实施，使全县施肥更合理，加上退耕还林等生态措施的实施，农业大环境得到了有效改变。近年来，随着科学发展观的贯彻落实，环境保护力度不断加大，农田环境日益好转。同时政府加大对农业投入。通过一系列有效措施，全县耕地生产正逐步向优质、高产、高效、安全迈进。

第二章　耕地地力调查与质量评价的内容与方法

根据《全国耕地地力调查与质量评价技术规程》和《全国测土配方施肥技术规范》（以下简称《规程》和《规范》）的要求，通过肥料效应田间试验、样品采集与制备、田间基本情况调查、土壤与植株测试、肥料配方设计、配方肥料合理使用、效果反馈与评价、数据汇总、报告撰写等内容、方法与操作规程和耕地地力评价方法的工作过程，进行耕地地力调查和质量评价。这次调查和评价是基于4个方面进行的。一是通过耕地地力调查与评价，合理调整农业结构、逐步满足市场对农产品多样化、优质化的要求以及适宜经济发展的需要；二是全面了解耕地质量现状，为无公害农产品、绿色食品、有机食品生产提供科学依据，为社会提供健康安全食品；三是针对耕地土壤的障碍因子，提出中低产田改造、防止土壤退化及修复已污染土壤的意见和措施，提高耕地综合生产能力；四是通过调查，建立全县耕地资源信息管理系统和测土配方施肥专家咨询系统，对耕地质量和测土配方施肥实行计算机网络管理，形成较为完善的测土配方施肥数据库，为农业增产、农业增效、农民增收提供科学决策依据，保证农业可持续发展。

第一节　工作准备

一、组织准备

由山西省土壤肥料工作站牵头成立测土配方施肥和耕地地力调查领导组、专家组、技术指导组，垣曲县成立相应的领导组、办公室、野外调查队和室内资料数据汇总组。

二、物质准备

根据《规程》和《规范》的要求，进行了充分物质准备，先后配备了GPS定位仪、不锈钢土钻、计算机、钢卷尺、100立方厘米环刀、土袋、可封口塑料袋、水样瓶、水样固定剂、化验药品、化验室仪器以及调查表格等。因垣曲县统一规划，县农业委员会在规划范围之内，化验室随县农委一起规划。

三、技术准备

领导组聘请农业系统有关专家及第二次土壤普查有关人员，组成技术指导组，根据《规程》和《山西省2005年区域性耕地地力调查与质量评价实施方案》及《规范》，制定了《垣曲县测土配方施肥技术规范及耕地地力调查与质量评价技术规程》，并编写了技术培训教材。在采样调查前对采样调查人员进行认真、系统的技术培训。

四、资料准备

按照《规程》和《规范》的要求，收集了垣曲县行政规划图、地形图、第二次土壤普查成果图、基本农田保护区划图、土地利用现状图、农田水利分区图等图件。收集了第二次土壤普查成果资料、基本农田保护区地块基本情况、基本农田保护区划统计资料，大气和水质量污染分布及排污资料，果树、蔬菜、棉花面积、品种、产量及污染等有关资料，农田水利灌溉区域、面积及地块灌溉保证率，退耕还林规划，肥料、农药使用品种及数量、肥力动态监测等资料。

第二节　室内预研究

一、确定采样点位

（一）布点与采样原则

为了使土壤调查所获取的信息具有一定的典型性和代表性，提高工作效率，节省人力和资金。采样点参考县级土壤图，做好采样规划设计，确定采样点位。实际采样时严禁随意变更采样点，若有变更须注明理由。我们在布点和采样时主要遵循了以下5个原则：一是布点具有广泛的代表性，同时兼顾均匀性。根据土壤类型、土地利用等因素，将采样区域划分为若干个采样单元，每个采样单元的土壤性状要尽可能均匀一致；二是耕地地力调查与污染调查（面源污染与点源污染）相结合，适当加大污染源点位密度；三是尽可能在全国第二次土壤普查时的剖面或农化样取样点上布点；四是采集的样品具有典型性，能代表其对应的评价单元最明显、最稳定、最典型的特征，尽量避免各种非调查因素的影响；五是所调查农户随机抽取，按照事先所确定采样地点寻找符合基本采样条件的农户进行，采样在符合要求的同一农户的同一地块内进行。

（二）布点方法

1. 大田土样布点方法　按照全国《规程》和《规范》，结合垣曲县实际，将大田样点密度定为平原区、丘陵区，平均每200亩一个点位位，实际布设大田样点3 600个。一是依据山西省第二次土壤普查土种归属表，把那些图斑面积过小的土种，适当合并至母质类型相同、质地相近、土体构型相似的土种，修改编绘出新的土种图；二是将归并后的土种图与基本农田保护区划图和土地利用现状图叠加，形成评价单元；三是根据评价单元的个数及相应面积，在样点总数的控制范围内，初步确定不同评价单元的采样点数；四是在评价单元中，根据图斑大小、种植制度、作物种类、产量水平等因素的不同，确定布点数量和点位，并在图上予以标注。点位尽可能选在第二次土壤普查时的典型剖面取样点或农化样品取样点上；五是不同评价单元的取样数量和点位确定后，按照土种、作物品种、产量水平等因素，分别统计其相应的取样数量。当某一因素点位数过少或过多时，再根据实际情况进行适当调整。

2. 耕地质量调查土样布点方法　干旱耕地土壤环境质量调查土样，按每个代表面积 200 亩布点，丘陵山区 100 亩采一个土样，沟河地 150 亩采一个土样，在疑似污染区，标点密度适当加大，按 0.5 万～1 万亩取 1 个样，如污染、灌溉区，城市垃圾或工业废渣集中排放区，农药、化肥、农用塑料大量施用的农田为调查重点。根据调查了解的实际情况，确定点位位置，根据污染类型及面积，确立布点方法。

二、确定采样方法

（一）大田土样采集方法

1. 采样时间　在大田作物收获后、秋播作物施肥前进行。按叠加图上确定的调查点位去野外采集样品。通过向农民实地了解当地的农业生产情况，确定最具代表性的同一农户的同一块田采样，田块面积均在 1 亩以上，并用 GPS 定位仪确定地理坐标和海拔高程，记录经纬度，精确到 0.1″。依此准确方位修正点位图上的点位位置。

2. 调查、取样　向已确定采样田块的户主，按农户地块调查表格的内容逐项进行调查并认真填写。调查严格遵循实事求是的原则，对那些说不清楚的农户，通过访问地力水平相当、位置基本一致的其他农户或对实物进行核对推算。采样主要采用"S"法，均匀随机采取 15～20 个采样点，充分混合后，四分法留取 1 千克组成一个土壤样品，并装入已准备好的土袋中。

3. 采样工具　主要采用不锈钢土钻，采样过程中努力保持土钻垂直，样点密度均匀，基本符合厚薄、宽窄、数量的均匀特征。

4. 采样深度　为 0～20 厘米耕作层土样。

5. 采样记录　填写两张标签，土袋内外各具 1 张，注明采样编号、采样地点、采样人、采样日期等。采样同时，填写大田采样点基本情况调查表和大田采样点农户调查表。

（二）耕地质量调查土样采集方法

根据污染类型及面积大小，确定采样点布设方法。污水灌溉农田采用对角线布点法；固体废物污染农田或污染源附近农田采用棋盘或同心圆布点法；面积较小、地形平坦区域采用梅花布点法；面积较大、地势较复杂区域采用"S"布点法。每个样品一般由 20～25 个采样点组成，面积大的适当增加采样点。采样深度一般为 0～20 厘米。采样同时，对采样地环境情况进行调查。

（三）果园土样采集方法

根据点位图所在位置到所在的村庄向农民实地了解当地果园品种、树龄等情况，确定具有代表性的同一农户的同一果园地进行采样。果园在果品采摘后的第一次施肥前采集。用 GPS 定位仪定位，依此修正图位上的点位位置。采样深为 0～40 厘米。采样同时，做好采样点调查记录。

三、确定调查内容

根据《规范》要求，按照"测土配方施肥采样地块基本情况调查表"认真填写。

这次调查的范围是基本农田保护区耕地和园地，包括蔬菜、果园和其他经济作物田，调查内容主要有 4 个方面：一是与耕地地力评价相关的耕地自然环境条件，农田基础设施建设水平和土壤理化性状，耕地土壤障碍因素和土壤退化原因等；二是与农产品品质相关的耕地土壤环境状况，如土壤的富营养化、养分不平衡与缺乏微量元素和土壤污染等；三是与农业结构调整密切相关的耕地土壤适宜性问题等；四是农户生产管理情况调查。

以上资料的获得，一是利用第二次土壤普查和土地利用详查等现有资料，通过收集整理而来；二是采用以点带面的调查方法，经过实地调查访问农户获得的；三是对所采集样品进行相关分析化验后取得；四是将所有有限的资料、农户生产管理情况调查资料、分析数据录入计算机中，并经过矢量化处理形成数字化图件、插值，使每个地块均具有各种资料信息，来获取相关资料信息。这些资料和信息，对分析耕地地力评价与耕地质量评价结果及影响因素具有重要意义。如通过分析农户投入和生产管理对耕地地力土壤环境的影响，分析农民现阶段投入成本与耕地质量直接的关系，有利于提高成果的现实性，引起各级领导的关注。通过对每个地块资源的充实完善，可以从微观角度，对土、肥、气、热、水资源运行情况有更周密的了解，提出管理措施和对策，指导农民进行资源合理利用和分配。通过对全部信息资料的了解和掌握，可以宏观调控资源配置，合理调整农业产业结构，科学指导农业生产。

四、确定分析项目和方法

根据《规程》及《山西省耕地地力调查及质量评价实施方案》和《规范》规定，土壤质量调查样品检测项目为：pH、有机质、全氮、碱解氮、全磷、有效磷、全钾、速效钾、缓效钾、有效硫、阳离子交换量、有效铜、有效锌、有效铁、有效锰、水溶性硼、有效钼17 个项目；土壤环境检测项目为：硝态氮、pH、总磷、汞、铜、锌、铅、镉、砷、六价铬、镍、阳离子交换量、全盐量、全氮、有机质 15 个项目；果园土壤样品检测项目为：pH、有机质、全氮、有效磷、速效钾、有效钙、有效镁、有效铜、有效锌、有效铁、有效锰、有效硼 12 个项目。其分析方法均按全国统一规定的测定方法进行。

五、确定技术路线

垣曲县耕地地力调查与质量评价所采用的技术路线，见图 2-1。

1. 确定评价单元　利用基本农田保护区区划图、土壤图和土地利用现状图叠加的图斑为基本评价单元。相似相近的评价单元至少采集一个土壤样品进行分析，在评价单元图上连接评价单元属性数据库，用计算机绘制各评价因子图。

2. 确定评价因子　根据全国、省级耕地地力评价指标体系并通过农科教专家论证来选择垣曲县县域耕地地力评价因子。

3. 确定评价因子权重　用模糊数学德尔菲法和层次分析法将评价因子标准数据化，并计算出每一评价因子的权重。

4. 数据标准化 选用隶属函数法和专家经验法等数据标准化方法，对评价指标进行数据标准化处理，对定性指标要进行数值化描述。

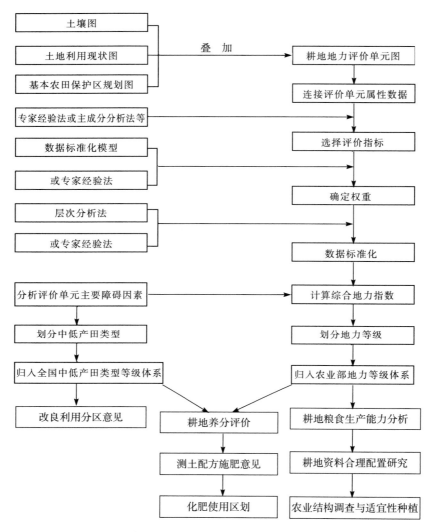

图 2-1 耕地地力调查与质量评价技术路线流程图

5. 综合地力指数计算 用各因子的地力指数累加得到每个评价单元的综合地力指数。

6. 划分地力等级 根据综合地力指数分布的累积频率曲线法或等距法，确定分级方案，并划分地力等级。

7. 归入全国耕地地力等级体系 依据《全国耕地类型区、耕地地力等级划分》（NY/T 309—1996），归纳整理各级耕地地力要素主要指标，结合专家经验，将各级耕地地力归入全国耕地地力等级体系。

8. 划分中低产田类型 依据《全国中低产田类型划分与改良技术规范》（NY/T 310—1996），分析评价单元耕地土壤主要障碍因素，划分并确定中低产田类型。

9. 耕地质量评价 用综合污染指数法评价耕地土壤环境质量。

第三节　野外调查及质量控制

一、调查方法

野外调查的重点是对取样点的立地条件、土壤属性、农田基础设施条件、农户栽培管理成本、收益及污染等情况全面了解、掌握。

1. 室内确定采样位置　技术指导组根据要求，在1∶10 000评价单元图上确定各类型采样点的采样位置，并在图上标注。

2. 培训野外调查人员　抽调技术素质高、责任心强的农业技术人员，尽可能抽调第二次土壤普查人员，经过为期3天的专业培训和野外实习，组成5支野外调查队，共20多人参加野外调查。

3. 根据《规程》和《规范》要求，严格取样　各野外调查支队根据图标位置，在了解农户农业生产情况基础上，确定具有代表性田块和农户，用GPS定位仪进行定位，依据田块准确方位修正点位图上的点位位置。

4. 按照《规程》、省级实施方案要求规定和《规范》规定，填写调查表格，并将采集的样品统一编号，带回室内化验。

二、调查内容

（一）基本情况调查项目

1. 采样地点和地块　地址名称采用民政部门认可的正式名称。地块采用当地的通俗名称。

2. 经纬度及海拔高度　由GPS定位仪进行测定。

3. 地形地貌　以形态特征划分为五大地貌类型，即山地、丘陵、平原、高原及盆地。

4. 地形部位　指中小地貌单元。主要包括河漫滩、一级阶地、二级阶地、高阶地、坡地、梁地、垣地、峁地、山地、沟谷、洪积扇（上、中、下）、倾斜平原、河槽地、冲积平原。

5. 坡度　一般分为＜2.0°、2.1°～5.0°、5.1°～8.0°、8.1°～15.0°、15.1°～25.0°、≥25.0°。

6. 侵蚀情况　按侵蚀种类和侵蚀程度记载，根据土壤侵蚀类型可划分为水蚀、风蚀、重力侵蚀、冻融侵蚀、混合侵蚀等，侵蚀程度通常分为无明显、轻度、中度、强度、极强度6级。

7. 潜水深度　指地下水深度，分为深位（3～5米）、中位（2～3米）、浅位（≤2米）。

8. 家庭人口及耕地面积　指每个农户实有的人口数量和种植耕地面积（亩）。

（二）土壤性状调查项目

1. 土壤名称　统一按第二次土壤普查时的连续命名法填写，详细到土种。

2. 土壤质地　国际制；全部样品均需采用手摸测定；质地分为：沙土、沙壤、壤土、黏壤、黏土 5 级。室内选取 10% 的样品采用比重计法（粒度分布仪法）测定。

3. 质地构型 指不同土层之间质地构造变化情况。一般可分为通体壤、通体黏、通体沙、黏夹沙、底沙、壤夹黏、多砾、少砾、夹砾、底砾、少姜、多姜等。

4. 耕层厚度 用铁锹垂直铲下去，用钢卷尺按实际进行测量确定。

5. 障碍层次及深度 主要指沙土、黏土、砾石、料姜等所发生的层位、层次及深度。

6. 盐碱情况 按盐碱类型划分为苏打盐化、硫酸盐盐化、氯化物盐化、混合盐化等。按盐化程度分为重度、中度、轻度等，碱化也分为轻、中、重度等。

7. 土壤母质 按成因类型分为保德红土、残积物、河流冲积物、洪积物、黄土状冲积物、离石黄土、马兰黄土等类型。

（三）农田设施调查项目

1. 地面平整度 按大范围地形坡度分为平整（＜2°）、基本平整（2～5°）、不平整（＞5°）。

2. 梯田化水平 分为地面平坦、园田化水平高，地面基本平坦、园田化水平较高，高水平梯田，缓坡梯田，新修梯田，坡耕地 6 种类型。

3. 田间输水方式 管道、防渗渠道、土渠等。

4. 灌溉方式 分为漫灌、畦灌、沟灌、滴灌、喷灌、管灌等。

5. 灌溉保证率 分为充分满足、基本满足、一般满足、无灌溉条件 4 种情况或按灌溉保证率（％）计。

6. 排涝能力 分为强、中、弱三级。

（四）生产性能与管理情况调查项目

1. 种植（轮作）制度 分为一年一熟、一年两熟、两年三熟等。

2. 作物（蔬菜）种类与产量 指调查地块上年度主要种植作物及其平均产量。

3. 耕翻方式及深度 指翻耕、旋耕、耙地、糖地、中耕等。

4. 秸秆还田情况 分翻压还田、覆盖还田等。

5. 设施类型棚龄或种菜年限 分为薄膜覆盖、塑料拱棚、温室等，棚龄以正式投入算起。

6. 上年度灌溉情况 包括灌溉方式、灌溉次数、年灌水量、水源类型、灌溉费用等。

7. 年度施肥情况 包括有机肥、氮肥、磷肥、钾肥、复合（混）肥、微肥、叶面肥、微生物肥及其他肥料施用情况，有机肥要注明类型，化肥指纯养分。

8. 上年度生产成本 包括化肥、有机肥、农药、农膜、种子（种苗）、机械人工及其他。

9. 上年度农药使用情况 农药作用次数、品种、数量。

10. 产品销售及收入情况。

11. 作物品种及种子来源。

12. 蔬菜效益 指当年纯收益。

三、采样数量

在垣曲县 394 374.6 亩耕地上，共采集大田土壤样品 3 600 个。

四、采样控制

野外调查采样是此次调查评价的关键。既要考虑采样代表性、均匀性，也要考虑采样的典型性。根据垣曲县的区划划分特征，分别在南北两山前低山区、5条河流域、二级阶地、一级阶地、河漫滩、东西两垣倾斜平原区、丘陵区及不同作物类型、不同地力水平的农田严格按照《规程》和《规范》要求均匀布点，并按图标布点实地核查后进行定点采样。在工矿周围农田质量调查方面，重点对使用工业水浇灌的农田以及大气污染较重的纸业、铜矿、铁矿等附近农田进行采样。整个采样过程严肃认真，达到了《规程》要求，保证了调查采样质量。

第四节　样品分析及质量控制

一、分析项目及方法

（一）土壤样品

（1）pH：土液比1∶2.5，采用电位法测定。

（2）有机质：采用油浴加热重铬酸钾氧化容量法测定。

（3）全磷：采用氢氧化钠熔融——钼锑抗比色法测定。

（4）有效磷：采用碳酸氢钠或氟化铵－盐酸浸提——钼锑抗比色法测定。

（5）全钾：采用氢氧化钠熔融——火焰光度计或原子吸收分光光度计法测定。

（6）速效钾：采用乙酸铵浸提——火焰光度计或原子吸收分光光度计法测定。

（7）全氮：采用凯氏蒸馏法测定。

（8）碱解氮：采用碱解扩散法测定。

（9）缓效钾：采用硝酸提取——火焰光度法测定。

（10）有效铜、锌、铁、锰：采用DTPA提取——原子吸收光谱法测定。

（11）有效钼：采用草酸－草酸铵浸提——极谱法草酸—草酸铵提取、极谱法测定。

（12）水溶性硼：采用沸水浸提——甲亚胺—H比色法或姜黄素比色法测定。

（13）有效硫：采用磷酸盐—乙酸或氯化钙浸提——硫酸钡比浊法测定。

（14）有效硅：采用柠檬酸浸提——硅钼蓝色比色法测定。

（15）交换性钙和镁：采用乙酸铵提取——原子吸收光谱法测定。

（16）阳离子交换量：采用EDTA—乙酸铵盐交换法测定。

（二）土壤污染样品

（1）pH：采用玻璃电极法。

（2）铅、镉：采用石墨炉原子吸收分光光度法（GB/T 17141—1997）。

（3）总汞：采用冷原子吸收光谱法（GB/T 17136—1997）。

（4）总砷：采用二乙基二硫代氨基甲酸银分光光度法（GB/T 17134—1997）。

（5）总铬：采用火焰原子吸收分光光度法（GB/T 17137—1997）。

（6）铜、锌：采用火焰原子吸收分光光度法（GB/T 17138—1997）。

（7）镍：采用火焰原子吸收分光光度法（GB/T 17139—1997）。

（8）六六六、滴滴涕：采用气相色谱法（GB/T 14550—2003）。

二、分析测试质量控制

分析测试质量主要包括野外调查取样后样品风干、处理与实验室分析化验质量，其质量的控制是调查评价的关键。

（一）样品风干及处理

常规样品如大田样品、果园土壤样品，及时放置在干燥、通风、卫生、无污染的室内风干，风干后送化验室处理。

将风干后的样品平铺在制样板上，用木棍或塑料棍碾压，并将植物残体、石块等侵入体和新生体剔除干净。细小已断的植物须根，可采用静电吸附的方法清除。压碎的土样用2毫米孔径筛过筛，未通过的土粒重新碾压，直至全部样品通过2毫米孔径筛为止。通过2毫米孔径筛的土样可供 pH、盐分、交换性能及有效养分等项目的测定。

将通过2毫米孔径筛的土样用四分法取出一部分继续碾磨，使之全部通过0.25毫米孔径筛，供有机质、全氮、碳酸钙等项目的测定。

用于微量元素分析的土样，其处理方法同一般化学分析样品，但在采样、风干、研磨、过筛、运输、贮存等诸环节都要特别注意，不要接触容易造成样品污染的铁、铜等金属器具。采样、制样推荐使用不锈钢、木、竹或塑料工具，过筛使用尼龙网筛等。通过2毫米孔径尼龙筛的样品可用于测定土壤有效态微量元素。

将风干土样反复碾碎，用2毫米孔径筛过筛。留在筛上的碎石称量后保存，同时将过筛的土壤称重，计算石砾质量百分数。将通过2毫米孔径筛的土样混匀后盛于广口瓶内，用于颗粒分析及其他物理性质测定。若风干土样中有铁锰结核、石灰结核、铁子或半风化体，不能用木棍碾碎，应首先将其细心拣出称量保存，然后再进行碾碎。

（二）实验室质量控制

1. 在测试前采取的主要措施

（1）按《规程》要求制订了周密的采样方案：尽量减少采样误差（把采样作为分析检验的一部分）。

（2）正式开始分析前，对检验人员进行了为期2周的培训：对监测项目、监测方法、操作要点、注意事项一一进行培训，并进行了质量考核，为监验人员掌握了解项目分析技术、提高业务水平、减少误差等奠定了基础。

（3）收样登记制度：我们制定了收样登记制度，将收样时间、制样时间、处理方法与时间、分析时间一一登记，并在收样时确定样品统一编码、野外编码及标签等，从而确保了样品的真实性和整个过程的完整性。

（4）测试方法确认（尤其是同一项目有几种检测方法时）：根据实验室现有条件、要求规定及分析人员掌握情况等确立最终采取的分析方法。

（5）测试环境确认：为减少系统误差，对实验室温湿度、试剂、用水、器皿等一一检验，保证其符合测试条件。对有些相互干扰的项目分开实验室进行分析。

（6）检测用仪器设备及时进行计量检定，定期进行运行状况检查。

2. 在检测中采取的主要措施

（1）仪器使用实行登记制度，并及时对仪器设备进行检查维修和调整。

（2）严格执行项目分析标准或规程，确保测试结果准确性。

（3）坚持平行试验、必要的重显性试验，控制精密度，减少随机误差。

每个项目开始分析时每批样品均须做 100％平行样品，结果稳定后，平行次数减少 50％，最少保证做 10％～15％平行样品。每个化验人员都自行编入明码样做平行测定，质控员还编入 10％密码样进行质量控制。

平行双样测定结果的误差在允许的范围之内为合格；平行双样测定全部不合格者，该批样品须重新测定；平行双样测定合格率＜95％时，除对不合格的重新测定外，再增加 10％～20％的平行测定率，直到总合格率达 95％。

（4）坚持带质控样进行测定：

①与标准样对照。分析中，每批次带标准样品 10％～20％，以测定的精密度合格的前提下，标准样测定值在标准保证值（95％的置信水平）范围的为合格，否则本批结果无效，进行重新分析测定。

②加标回收法。对灌溉水样由于无标准物质或质控样品，采用加标回收试验来测定准确度。

加标率，在每批样品中，随机抽取 10％～20％试样进行加标回收测定。

加标量，被测组分的总量不得超出方法的测定上限。加标浓度宜高，体积应小，不应超过原定试样体积的 1％。

加标回收率在 90％～110％范围内的为合格。

$$加标回收率（\%）=\frac{测得总量-样品含量}{标准加入量}×100$$

根据回收率大小，也可判断是否存在系统误差。

（5）注重空白试验：全程空白值是指用某一方法测定某物质时，除样品中不含该物质外，整个分析过程中引起的信号值或相应浓度值。它包含了试剂、蒸馏水中杂质带来的干扰，从待测试样的测定值中扣除，可消除上述因素带来的系统误差。如果空白值过高，则要找出原因，采取其他措施（如提纯试剂、更新试剂、更换容器等）加以消除。保证每批次样品做 2 个以上空白样，并在整个项目开始前按要求做全程序空白测定，每次做 2 个平行空白样，连测 5 天共得 10 个测定结果，计算批内标准偏差 S_{wb}。

$$S_{wb}=\left[\sum(X_i-X_平)^2/m(n-1)\right]^{1/2}$$

式中：n——每天测定平均样个数；

　　　　m——测定天数。

（6）做好校准曲线：比色分析中标准系列保证设置 6 个以上浓度点。根据浓度和吸光值按一元线性回归方程 $Y=a+bX$ 计算其相关系数。

式中：Y——吸光度；

　　　　X——待测液浓度；

　　　　a——截距；

　　　　b——斜率。

　　要求标准曲线相关系数 r≥0.999。

　　校准曲线控制：①每批样品皆需做校准曲线；②标准曲线力求 r≥0.999，且有良好重现性；③大批量分析时每测 10～20 个样品要用一标准液校验，检查仪器状况；④待测液浓度超标时不能任意外推。

　　（7）用标准物质校核实验室的标准滴定溶液：标准物质的作用是校准。对测量过程中使用的基准纯、优级纯的试剂进行校验。校准合格才准用，确保量值准确。

　　（8）详细、如实记录测试过程，使检测条件可再现、检测数据可追溯。对测量过程中出现的异常情况也及时记录，及时查找原因。

　　（9）认真填写测试原始记录，测试记录做到：如实、准确、完整、清晰。记录的填写、更改均制定了相应制度和程序。当测试由一人读数一人记录时，记录人员复读多次所记的数字，减少误差发生。

3. 检测后主要采取的技术措施

　　（1）加强原始记录校核、审核：实行"三审三校"制度，对发现的问题及时研究、解决，或召开质量分析会，达成共识。

　　（2）运用质量控制图预防质量事故发生：对运用均值－极差控制图的判断，参照《质量专业理论与实名》中的判断准则。对控制样品进行多次重复测定，由所得结果计算出控制样的平均值 X 及标准差 S（或极差 R），就可绘制均值—标准差控制图（或均值—极差控制图），纵坐标为测定值，横坐标为获得数据的顺序。将均值 X 作成与横坐标平行的中心级 CL，$X\pm3S$ 为上下警戒限 UCL 及 LCL，$X\pm2S$ 为上下警戒限 UWL 及 LWL，在进行试样列行分析时，每批带入控制样，根据差异判异准则进行判断。如果在控制限之外，该批结果为全部错误结果，则必须查出原因，采取措施，加以消除，除"回控"后再重复测定，并控制不再出现，如果控制样的结果落在控制限和警戒限之间，说明精密度已不理想，应引起注意。

　　（3）控制检出限：检出限是指对某一特定的分析方法在给定的置信水平内，可以从样品中检测的待测物质的最小浓度或最小量。根据空白测定的批内标准偏差（S_{wb}）按下列公式计算检出限（95％的置信水平）。

　　①若试样一次测定值与零浓度试样一次测定值有显著性差异时，检出限（L）按下列公式计算：

$$L=2\times2^{1/2}t_f S_{wb}$$

　　式中：L——方法检出限；

　　　　t_f——显著水平为 0.05（单侧）、自由度为 f 的 t 值；

　　　　S_{wb}——批内空白值标准偏差；

　　　　f——批内自由度，$f=m(n-1)$，m 为重复测定次数，n 为平行测定次数。

　　②原子吸收分析方法中检出限计算：$L=3S_{wb}$。

　　③分光光度法以扣除空白值后的吸光值为 0.010 相对应的浓度值为检出限。

　　（4）及时对异常情况处理：

①异常值的取舍。对检测数据中的异常值，按 GB 4883 标准规定采用 Grubbs 法或 Dixon 法加以判断处理。

②因外界干扰（如停电、停水），检测人员应终止检测，待排除干扰后重新检测，并记录干扰情况。当仪器出现故障时，故障排除后校准合格的，方可重新检测。

（5）使用计算机采集、处理、运算、记录、报告、存储检测数据时，应制定相应的控制程序。

（6）检验报告的编制、审核、签发：检验报告是实验工作的最终结果，是试验室的产品。因此，对检验报告质量要高度重视。检验报告应做到完整、准确、清晰、结论正确。必须坚持三级审核制度，明确制表、审核、签发的职责。

除此之外，为保证分析化验质量，提高实验室之间分析结果的可比性，山西省土壤肥料工作站抽查5％～10％样品在省测试中心进行复核，并编制密码样，对实验室进行质量监督和控制。

4. 技术交流 在分析过程中，发现问题及时交流，改进方法，不断提高技术水平。

5. 数据录入 分析数据按规程和方案要求审核后编码整理，和采样点一一对照，确认无误后进行录入。采取双人录入相互对照的方法，保证录入正确率。

第五节 评价依据、方法及评价标准体系的建立

一、评价原则依据

（一）耕地地力评价

经专家评议，垣曲县确定了三大因素 9 个因子为耕地地力评价指标。

1. 立地条件 指耕地土壤的自然环境条件，它包含与耕地与质量直接相关的地貌类型及地形部位、成土母质、地面坡度等。

（1）地貌类型及其特征描述：垣曲县由平原到山地垂直分布的主要地形地貌有河流及河谷冲积平原（河漫滩、一级阶地、二级阶地）、山前倾斜平原（洪积扇上、中、下等）、丘陵（梁地、坡地等）和山地（石质山、土石山等）。

（2）成土母质及其主要分布：在垣曲县耕地上分布的母质类型有洪积物、河流冲积物、残积物、离石黄土、黄土状冲积物（丘陵及山前倾斜平原区）。

（3）地面坡度：地面坡度反映水土流失程度，直接影响耕地地力，垣曲县将地面坡度小于 25°的耕地依坡度大小分成 6 级（<2.0°、2.1°～5.0°、5.1°～8.0°、8.1°～15.0°、15.1°～25.0°、≥25.0°）进入地力评价系统。

2. 土壤属性

（1）土体构型：指土壤剖面中不同土层间质地构造变化情况，直接反映土壤发育及障碍层次，影响根系发育、水肥保持及有效供给，包括有效土层厚度、耕作层厚度、质地构型 3 个因素。

①有效土层厚度。指土壤层和松散的母质层之和，按其厚度深浅从高到低依次分为 6 级（>150 厘米、101～150 厘米、76～100 厘米、51～75 厘米、26～50 厘米、≤25 厘米）

进入地力评价系统。

②耕层厚度。按其厚度深浅从高到低依次分为 6 级（＞30 厘米、26～30 厘米、21～25 厘米、16～20 厘米、11～15 厘米、≤10 厘米）进入地力评价系统。

③质地构型。垣曲县耕地质地构型主要分为通体型（包括通体壤、通体黏、通体沙）、夹沙（包括壤夹沙、黏夹沙）、底沙、夹黏（包括壤夹黏、沙夹黏）、深黏、夹砾、底砾、通体少砾、通体多砾、通体少姜、浅姜、通体多姜等。

（2）耕层土壤理化性状：分为较稳定的理化性状（容重、质地、有机质、盐渍化程度、pH）和易变化的化学性状（有效磷、速效钾）两大部分。

①容重。影响作物根系发育及水肥供给，进而影响产量。从高到低依次分为 6 级（≤1.00 克/立方厘米、1.01～1.14 克/立方厘米、1.15～1.26 克/立方厘米、1.27～1.30 克/立方厘米、1.31～1.4 克/立方厘米、＞1.40 克/立方厘米）进入地力评价系统。

②质地。影响水肥保持及耕作性能。按卡庆斯基制的 6 级划分体系来描述，分别为沙土、沙壤、轻壤、中壤、重壤、黏土。

③有机质。土壤肥力的重要指标，直接影响耕地地力水平。按其含量从高到低依次分为 6 级（＞25.00 克/千克、20.01～25.00 克/千克、15.01～20.00 克/千克、10.01～15.00 克/千克、5.01～10.00 克/千克、≤5.00 克/千克）进入地力评价系统。

④pH。过大或过小，作物生长发育受抑。按照垣曲县耕地土壤的 pH 范围，按其测定值由低到高依次分为 6 级（6.0～7.0、7.0～7.9、7.9～8.5、8.5～9.0、9.0～9.5、≥9.5）进入地力评价系统。

⑤有效磷。按其含量从高到低依次分为 6 级（＞25.00 毫克/千克、20.1～25.00 毫克/千克、15.1～20.00 毫克/千克、10.1～15.00 毫克/千克、5.1～10.00 毫克/千克、≤5.00 毫克/千克）进入地力评价系统。

⑥速效钾。按其含量从高到低依次分为 6 级（＞200 毫克/千克、151～200 毫克/千克、101～150 毫克/千克、81～100 毫克/千克、51～80 毫克/千克、≤50 毫克/千克）进入地力评价系统。

3. 农田基础设施条件

（1）灌溉保证率：指降水不足时的有效补充程度，是提高作物产量的有效途径，分为充分满足，可随时灌溉；基本满足，在关键时期可保证灌溉；一般满足，大旱之年不能保证灌溉；无灌溉条件等 4 种情况。

（2）梯（园）田化水平：按园田化和梯田类型及其熟化程度分为地面平坦、园田化水平高，地面基本平坦、园田化水平较高，高水平梯田，缓坡梯田、熟化程度 5 年以上，新修梯田，坡耕地 6 种类型。

（二）大田土壤环境质量评价

此次大田环境质量评价涉及土壤和灌溉水两个环境要素。

参评因子共有 8 个，分别为土壤 pH、镉、汞、砷、铜、铅、铬、锌。评价标准采用土壤环境质量国家标准（GB 15618—1995）中的二级标准，评价结果遵循"单因子最大污染"的原则，通过对单因子污染指数和多因子综合污染指数进行综合评判，将污染程度分为清洁（n）、轻度污染（l）、中度污染（m）、重度污染（h）4 个等级。

二、评价方法及流程

耕地地力评价

1. 技术方法

（1）文字评述法：对一些概念性的评价因子（如地形部位、土壤母质、质地构型、质地、梯田化水平、盐渍化程度等）进行定性描述。

（2）专家经验法（德尔菲法）：在全省农科教系统邀请土肥界具有一定学术水平和农业生产实践经验的 34 名专家，参与评价因素的筛选和隶属度确定（包括概念型和数值型评价因子的评分），见表 2-1。

表 2-1　垣曲县耕地地力评价因素及评分

因　子	平均值	众数值	建议值
立地条件（C_1）	1.6	1（17）	1
土体构型（C_2）	3.7	3（15）5（13）	3
较稳定的理化性状（C_3）	4.47	3（13）5（10）	4
易变化的化学性状（C_4）	4.2	5（13）3（11）	5
农田基础建设（C_5）	1.47	1（17）	1
地形部位（A_1）	1.8	1（23）	1
成土母质（A_2）	3.9	3（9）5（12）	5
地面坡度（A_3）	3.1	3（14）5（7）	3
有效土层厚度（A_4）	2.8	1（14）3（9）	1
耕层厚度（A_5）	2.7	3（17）1（10）	3
剖面构型（A_6）	2.8	1（12）3（11）	1
耕层质地（A_7）	2.9	1（13）5（11）	1
有机质（A_9）	2.7	1（14）3（11）	3
pH（A_{11}）	4.5	3（10）7（10）	5
有效磷（A_{12}）	1.0	1（31）	1
速效钾（A_{13}）	2.7	3（16）1（10）	3
灌溉保证率（A_{14}）	1.2	1（30）	1
园（梯）田化水平（A_{15}）	4.5	5（15）7（7）	5

（3）模糊综合评判法：应用这种数理统计的方法对数值型评价因子（如地面坡度、有效土层厚度、耕层厚度、土壤容重、有机质、有效磷、速效钾、酸碱度、灌溉保证率等）进行定量描述，即利用专家给出的评分（隶属度）建立某一评价因子的隶属函数，见表 2-2。

表 2 - 2　垣曲县耕地地力评价数字型因子分级及其隶属度

评价因子	量纲	一级	二级	三级	四级	五级	六级
		量值	量值	量值	量值	量值	量值
地面坡度	°	<2.0	2.0～5.0	5.1～8.0	8.1～15.0	15.1～25.0	≥25
有效土层厚度	厘米	>150	101～150	76～100	51～75	26～50	≤25
耕层厚度	厘米	>30	26～30	21～25	16～20	11～15	≤10
有机质	克/千克	>25.0	20.01～25.00	15.01～20.00	10.01～15.00	5.01～10.00	≤5.00
pH		6.7～7.0	7.1～7.9	8.0～8.5	8.6～9.0	9.1～9.5	≥9.5
有效磷	毫克/千克	>25.0	20.1～25.0	15.1～20.0	10.1～15.0	5.1～10.0	≤5.0
速效钾	毫克/千克	>200	151～200	101～150	81～100	51～80	≤50
灌溉保证率		充分满足	基本满足	基本满足	一般满足	无灌溉条件	

（4）层次分析法：用于计算各参评因子的组合权重。本次评价，把耕地生产性能（即耕地地力）作为目标层（G 层），把影响耕地生产性能的立地条件、土体构型、较稳定的理化性状、易变化的化学性状、农田基础设施条件作为准则层（C 层），再把影响准则层中的各因素的项目作为指标层（A 层），建立耕地地力评价层次结构图。在此基础上，由 34 名专家分别对不同层次内各参评因素的重要性作出判断，构造出不同层次间的判断矩阵。最后计算出各评价因子的组合权重。

（5）指数和法：采用加权法计算耕地地力综合指数，即将各评价因子的组合权重与相应的因素等级分值（即由专家经验法或模糊综合评判法求得的隶属度）相乘后累加，如：

$$IFI = \sum B_i \times A_i (i = 1, 2, 3, \cdots, 15)$$

式中：IFI——耕地地力综合指数；

B_i——第 i 个评价因子的等级分值；

A_i——第 i 个评价因子的组合权重。

2. 技术流程

（1）应用叠加法确定评价单元：把基本农田保护区规划图与土地利用现状图、土壤图叠加形成的图斑作为评价单元。

（2）空间数据与属性数据的连接：用评价单元图分别与各个专题图叠加，为每一评价单元获取相应的属性数据。根据调查结果，提取属性数据进行补充。

（3）确定评价指标：根据全国耕地地力调查评价指数表，由山西省土壤肥料工作站组织 34 名专家，采用特尔菲法和模糊综合评判法确定垣曲县耕地地力评价因子及其隶属度。

（4）应用层次分析法确定各评价因子的组合权重。

（5）数据标准化：计算各评价因子的隶属函数，对各评价因子的隶属度数值进行标准化。

（6）应用累加法计算每个评价单元的耕地地力综合指数。

（7）划分地力等级：分析综合地力指数分布，确定耕地地力综合指数的分级方案，划分地力等级。

（8）归入农业部地力等级体系：选择 10％的评价单元，调查近 3 年粮食单产（或用基础地理信息系统中已有资料），与以粮食作物产量为引导确定的耕地基础地力等级进行相关分析，找出两者之间的对应关系，将评价的地力等级归入农业部确定的等级体系（NY/T 309—1996 全国耕地类型区、耕地地力等级划分）。

（9）采用 GIS、GPS 系统编绘各种养分图和地力等级图等图件。

三、评价标准体系建立

耕地地力评价标准体系建立

1. 耕地地力要素的层次结构 见图 2-2。

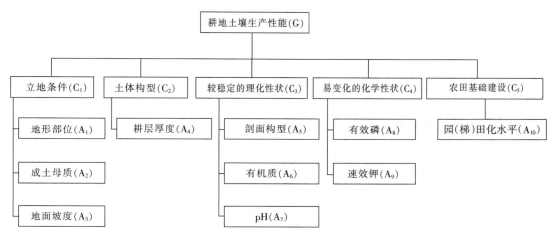

图 2-2 耕地地力要素层次结构图

2. 耕地地力要素的隶属度 概念性评价因子：各评价因子的隶属度及其描述见表 2-3。

表 2-3 垣曲县耕地地力评价概念性因子隶属度及其描述

地形部位	描述	河漫滩	一级阶地	二级阶地	高阶地	垣地	洪积扇（上、中、下）			倾斜平原	梁地	峁地	坡麓	沟谷
	隶属度	0.7	1.0	0.9	0.7	0.4	0.4	0.6	0.8	0.8	0.2	0.2	0.1	0.6

母质类型	描述	洪积物	河流冲积物	黄土状冲积物	残积物	保德红土	马兰黄土	离石黄土
	隶属度	0.7	0.9	1.0	0.2	0.3	0.5	0.6

质地构型	描述	通体壤	黏夹沙	底沙	壤夹黏	壤夹沙	沙夹黏	通体黏	夹砾	底栎	少砾	多砾	少姜	浅姜	多姜	通体沙	浅钙积	夹白干	底白干
	隶属度	1.0	0.6	0.7	1.0	0.9	0.3	0.6	0.4	0.7	0.8	0.2	0.8	0.4	0.2	0.3	0.4	0.4	0.7

耕层质地	描述	沙 土	沙 壤	轻 壤	中 壤	重 壤	黏 土
	隶属度	0.2	0.6	0.8	1.0	0.8	0.4

梯（园）田化水平	描述	地面平坦园田化水平高	地面基本平坦园田化水平较高	高水平梯田	缓坡梯田熟化程度 5 年以上	新修梯田	坡耕地
	隶属度	1.0	0.8	0.6	0.4	0.2	0.1

灌溉保证率	描述	充分满足	基本满足	一般满足	无灌溉条件
	隶属度	1.0	0.7	0.4	0.1

第六节　耕地资源管理信息系统建立

一、耕地资源管理信息系统的总体设计

总体目标

耕地资源信息系统以一个县行政区域内耕地资源为管理对象，应用 GIS 技术对辖区内的地形、地貌、土壤、土地利用、农田水利、土壤污染、农业生产基本情况、基本农田保护区等资料进行统一管理，构建耕地资源基础信息系统，并将此数据平台与各类管理模型结合，对辖区内的耕地资源进行系统的动态管理，为农业决策者、农民和农业技术人员提供耕地质量动态变化、土壤适宜性、施肥咨询、作物营养诊断等多方位的信息服务。

本系统行政单元为村，农田单元为基本农田保护块，土壤单元为土种，系统基本管理单元为土壤、基本农田保护块、土地利用现状叠加所形成的评价单元。

1. 耕地资源管理信息　系统结构见图 2 - 3。

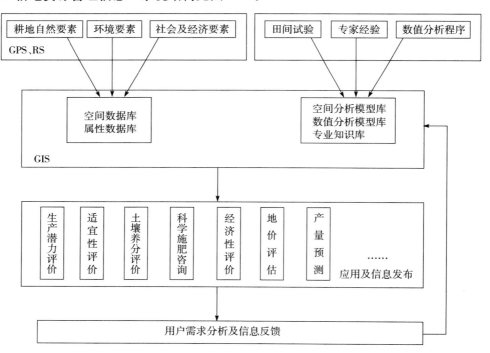

图 2 - 3　耕地资源管理信息系统结构

2. 县域耕地资源管理信息系统建立工作流程　见图 2 - 4。

3. CLRMIS、硬件配置

（1）硬件：P5 及其兼容机，≥1G 的内存，≥20G 的硬盘，≥32M 的显存，A4 扫描仪，彩色喷墨打印机。

（2）软件：Windows 98/2000/XP，Excel 97/2000/XP 等。

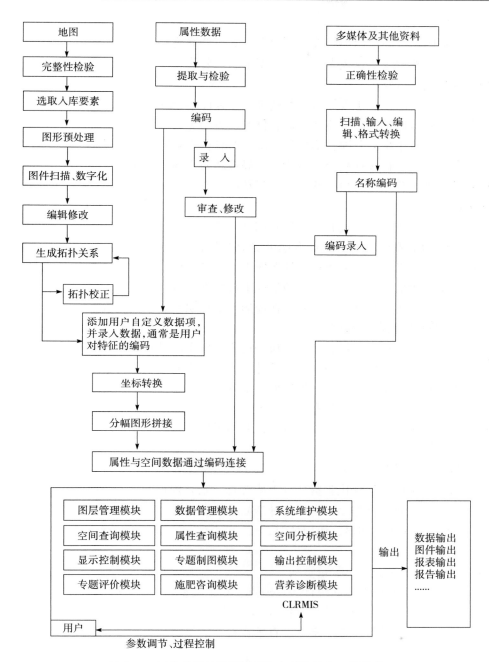

图 2-4　垣曲县耕地资源管理信息系统建立工作流程

二、资料收集与整理

（一）图件资料收集与整理

图件资料指印刷的各类地图、专题图以及商品数字化矢量和栅格图。图件比例尺为

1：50 000 和 1：10 000。

（1）地形图：统一采用中国人民解放军总参谋部测绘局测绘的地形图。由于近年来公路、水系、地形地貌等变化较大，因此采用水利、公路、规划、国土等部门的有关最新图件资料对地形图进行修正。

（2）行政区划图：由于近年撤乡并镇等工作致使部分地区行政区划变化较大，因此按最新行政区划进行修正，同时注意名称、拼音、编码等的一致。

（3）土壤图及土壤养分图：采用第二次土壤普查成果图。

（4）基本农田保护区现状图：采用国土局最新划定的基本农田保护区图。

（5）地貌类型分区图：根据地貌类型将辖区内农田分区，采用第二次土壤普查分类系统绘制成图。

（6）土地利用现状图：现有的土地利用现状图。

（7）主要污染源点位图：调查本地可能对水体、大气、土壤形成污染的矿区、工厂等，并确定污染类型及污染强度，在地形图上准确标明位置及编号。

（8）土壤肥力监测点点位图：在地形图上标明准确位置及编号。

（9）土壤普查土壤采样点点位图：在地形图上标明准确位置及编号。

（二）数据资料收集与整理

（1）基本农田保护区一级、二级地块登记表，国土局基本农田划定资料。

（2）其他有关基本农田保护区划定统计资料，国土局基本农田划定资料。

（3）近几年粮食单产、总产、种植面积统计资料（以村为单位）。

（4）其他农村及农业生产基本情况资料。

（5）历年土壤肥力监测点田间记载及化验结果资料。

（6）历年肥情点资料。

（7）县、乡、村名编码表。

（8）近几年土壤、植株化验资料（土壤普查、肥力普查等）。

（9）近几年主要粮食作物、主要品种产量构成资料。

（10）各乡历年化肥销售、使用情况。

（11）土壤志、土种志。

（12）特色农产品分布、数量资料。

（13）主要污染源调查情况统计表（地点、污染类型、方式、强度等）。

（14）当地农作物品种及特性资料，包括各个品种的全生育期、大田生产潜力、最佳播种期、移栽期、播种量、栽插密度、百千克籽粒需氮量、需磷量、需钾量等，及品种特性介绍。

（15）一元、二元、三元肥料肥效试验资料，计算不同地区、不同土壤、不同作物品种的肥料效应函数。

（16）不同土壤、不同作物基础地力产量占常规产量比例资料。

（三）文本资料收集与整理

（1）全县及各乡（镇）基本情况描述。

（2）各土种性状描述，包括其发生、发育、分布、生产性能、障碍因素等。

（四）多媒体资料收集与整理

（1）土壤典型剖面照片。

（2）土壤肥力监测点景观照片。

（3）当地典型景观照片。

（4）特色农产品介绍（文字、图片）。

（5）地方介绍资料（图片、录像、文字、音乐）。

三、属性数据库建立

（一）属性数据内容

CLRMIS 主要属性资料及其来源见表 2 - 4。

表 2 - 4　CLRMIS 主要属性资料及其来源

编　号	名　　称	来　　源
1	湖泊、面状河流属性表	水利局
2	堤坝、渠道、线状河流属性数据	水利局
3	交通道路属性数据	交通局
4	行政界线属性数据	农业委员会
5	耕地及蔬菜地灌溉水、回水分析结果数据	农业委员会
6	土地利用现状属性数据	国土局、卫星图片解译
7	土壤、植株样品分析化验结果数据表	本次调查资料
8	土壤名称编码表	土壤普查资料
9	土种属性数据表	土壤普查资料
10	基本农田保护块属性数据表	国土局
11	基本农田保护区基本情况数据表	国土局
12	地貌、气候属性表	土壤普查资料
13	县乡村名编码表	统计局

（二）属性数据分类与编码

数据的分类编码是对数据资料进行有效管理的重要依据。编码的主要目的是节省计算机内存空间，便于用户理解使用。地理属性进入数据库之前进行编码是必要的，只有进行了正确的编码，空间数据库与属性数据库才能实现正确连接。编码格式有英文字母与数学组合。本系统主要采用数字表示的层次型分类编码体系，它能反映专题要素分类体系的基本特征。

（三）建立编码字典

数据字典是数据库应用设计的重要内容，是描述数据库中各类数据及其组合的数据集合，也称元数据。地理数据库的数据字典主要用于描述属性数据，它本身是一个特殊用途的文件，在数据库整个生命周期里都起着重要的作用。它避免重复数据项的出现，并提供了查询数据的唯一入口。

（四）数据库结构设计

属性数据库的建立与录入可独立于空间数据库和 GIS 系统，可以在 Access、dbase、Foxbase 和 Foxpro 下建立，最终统一以 dBase 的 dbf 格式保存入库。下面以 dBase 的 dbf 数据库为例进行描述。

1. 湖泊、面状河流属性数据库 lake. dbf

字段名	属　性	数据类型	宽　度	小数位	量　纲
lacode	水系代码	N	4	0	代码
laname	水系名称	C	20		
lacontent	湖泊储水量	N	8	0	万立方米
laflux	河流流量	N	6		立方米/秒

2. 堤坝、渠道、线状河流属性数据库 stream. dbf

字段名	属　性	数据类型	宽　度	小数位	量　纲
ricode	水系代码	N	4	0	代码
riname	水系名称	C	20		
riflux	河流、渠道流量	N	6		立方米/秒

3. 交通道路属性数据库 traffic. dbf

字段名	属　性	数据类型	宽　度	小数位	量　纲
rocode	道路编码	N	4	0	代码
roname	道路名称	C	20		
rograde	道路等级	C	1		
rotype	道路类型	C	1		（黑色/水泥/石子/土）

4. 行政界线（省、市、县、乡、村）属性数据库 boundary. dbf

字段名	属　性	数据类型	宽　度	小数位	量　纲
adcode	界线编码	N	1	0	代码
adname	界线名称	C	4		

adcode	name
1	国　界
2	省　界
3	市　界
4	县　界
5	乡　界
6	村　界

5. 土地利用现状* 属性数据库 landuse. dbf

字段名	属　性	数据类型	宽　度	小数位	量　纲
lucode	利用方式编码	N	2	0	代码
luname	利用方式名称	C	10		

* 土地利用现状分类表。

6. 土种属性数据表 soil. dbf

字段名	属 性	数据类型	宽 度	小数位	量 纲
sgcode	土种代码	N	4	0	代 码
stname	土类名称	C	10		
ssname	亚类名称	C	20		
skname	土属名称	C	20		
sgname	土种名称	C	20		
pamaterial	成土母质	C	50		
profile	剖面构型	C	50		

＊土壤系统分类表。

土种典型剖面有关属性数据：

text	剖面照片文件名	C	40		
picture	图片文件名	C	50		
html	HTML 文件名	C	50		
video	录像文件名	C	40		

7. 土壤养分（pH、有机质、氮等）**属性数据库 nutr ＊ ＊ ＊ ＊ . dbf**

本部分由一系列的数据库组成，视实际情况不同有所差异，如在盐碱土地区还包括盐分含量及离子组成等。

（1）pH 库 nutrpH. dbf：

字段名	属 性	数据类型	宽 度	小数位	量 纲
code	分级编码	N	4	0	代 码
number	pH	N	4	1	

（2）有机质库 nutrom. dbf：

字段名	属 性	数据类型	宽 度	小数位	量 纲
code	分级编码	N	4	0	代 码
number	有机质含量	N	5	2	百分含量

（3）全氮量库 nutrN. dbf：

字段名	属 性	数据类型	宽 度	小数位	量 纲
code	分级编码	N	4	0	代 码
number	全氮含量	N	5	3	百分含量

（4）速效养分库 nutrP. dbf：

字段名	属 性	数据类型	宽 度	小数位	量 纲
code	分级编码	N	4	0	代 码
number	速效养分含量	N	5	3	毫克/千克

8. 基本农田保护块属性数据库 farmland. dbf

字段名	属 性	数据类型	宽 度	小数位	量 纲
plcode	保护块编码	N	7	0	代 码
plarea	保护块面积	N	4	0	亩

字段名	属 性	数据类型	宽 度	小数位	量 纲
cuarea	其中耕地面积	N	6		
eastto	东 至	C	20		
westto	西 至	C	20		
sorthto	南 至	C	20		
northto	北 至	C	20		
plperson	保护责任人	C	6		
plgrad	保护级别	N	1		

9. 地貌 * 、气候属性 landform. dbf

字段名	属 性	数据类型	宽 度	小数位	量 纲
landcode	地貌类型编码	N	2	0	代 码
landname	地貌类型名称	C	10		
rain	降水量	C	6		

* 地貌类型编码表。

10. 基本农田保护区基本情况数据表（略）

11. 县、乡、村名编码表

字段名	属 性	数据类型	宽 度	小数位	量 纲
vicodec	单位编码—县内	N	5	0	代 码
vicoden	单位编码—统一	N	11		
viname	单位名称	C	20		
vinamee	名称拼音	C	30		

（五）数据录入与审核

数据录入前仔细审核，数值型资料注意量纲、上下限，地名应注意汉字多音字、繁简体、简全称等问题，审核定稿后再录入。录入后仔细检查，保证数据录入无误后，将数据库转为规定的格式（dbase 的 dbf 文件格式文件），再根据数据字典中的文件名编码命名后保存在规定的子目录下。

文字资料以 TXT 格式命名保存，声音、音乐以 WAV 或 MID 文件保存，超文本以 HTML 格式保存，图片以 BMP 或 JPG 格式保存，视频以 AVI 或 MPG 格式保存，动画以 GIF 格式保存。这些文件分别保存在相应的子目录下，其相对路径和文件名录入相应的属性数据库中。

四、空间数据库建立

（一）数据采集的工艺流程

在耕地资源数据库建设中，数据采集的精度直接关系到现状数据库本身的精度和今后的应用，数据采集的工艺流程是关系到耕地资源信息管理系统数据库质量的重要基础工作。因此，对数据的采集制定了一个详尽的工艺流程。首先对收集的资料进行分类检查、整理与预处理；其次，按照图件资料介质的类型进行扫描，并对扫描图件进行扫描校正；

再次，进行数据的分层矢量化采集、矢量化数据的检查；最后，对矢量化数据进行坐标投影转换与数据拼接工作以及数据、图形的综合检查和数据的分层与格式转换。

具体数据采集的工艺流程见图 2-5。

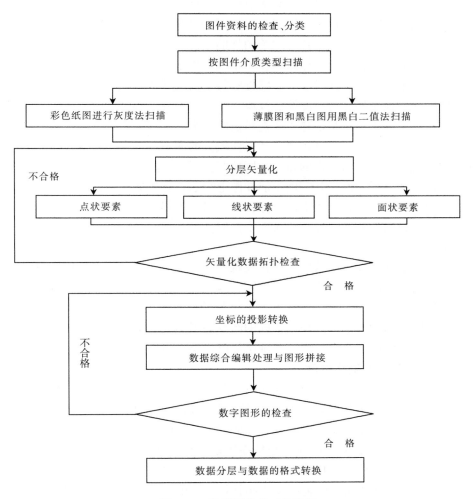

图 2-5　数据采集的工艺流程

（二）图件数字化

1. 图件的扫描　由于所收集的图件资料为纸介质的图件资料，所以采用灰度法进行扫描。扫描的精度为 300dpi。扫描完成后将文件保存为 ＊.TIF 格式。在扫描过程中，为了能够保证扫描图件的清晰度和精度，我们对图件先进行预见扫描。在预见扫描过程中，检查扫描图件的清晰度，其清晰度必须能够区分图内的各要素，然后利用 Lontex Fss8300 扫描仪自带的 CAD image/scan 扫描软件进行角度校正，角度校正后必须保证图幅下方两个内图廓点的连线与水平线的角度误差小于 0.2°。

2. 数据采集与分层矢量化　对图形的数字化采用交互式矢量化方法，确保图形矢量化的精度。在耕地资源信息系统数据库建设中需要采集的要素有：点状要素、线状要素和面状要素。由于所采集的数据种类较多，所以必须对所采集的数据按不同类型进行分层采集。

（1）点状要素的采集：可以分为两种类型，一种是零星地类，另一种是注记点。零星地类包括一些有点位的点状零星地类和无点位的零星地类。对于有点位的零星地类，在数据的分层矢量化采集时，将点标记置于点状要素的几何中心点；对于无点位的零星地类，在分层矢量化采集时，将点标记置于原始图件的定位点。农化点位、污染源点位等注记点的采集按照原始图件资料中的注记点，在矢量化过程中一一标注相应的位置。

（2）线状要素的采集：在耕地资源图件资料上的线状要素主要有水系、道路、带有宽度的线状地物界、地类界、行政界线、权属界线、土种界、等高线等，对于不同类型的线状要素，进行分层采集。线状地物主要是指道路、水系、沟渠等，线状地物数据采集时考虑到有些线状地物，由于其宽度较宽，如一些较大的河流、沟渠，它们在地图上可以按照图件资料的宽度比例表示为一定的宽度，则按其实际宽度的比例在图上表示；有些线状地物，如一些道路和水系，由于其宽度不能在图上表示，在采集其数据时，则按栅格图上的线状地物的中轴线来确定其在图上的实际位置。对地类界、行政界、土种界和等高线数据的采集，保证其封闭性和连续性。线状要素按照其种类不同分层采集、分层保存，以备数据分析时进行利用。

（3）面状要素的采集：面状要素要在线状要素采集后，通过建立拓扑关系形成区后进行，由于面状要素是由行政界线、权属界线、地类界线和一些带有宽度的线状地物界等结状要素所形成的一系列的闭合性区域，其主要包括行政区、权属区、土壤类型区等图斑。所以，对于不同的面状要素，因采用不同的图层对其进行数据的采集。考虑到实际情况，将面状要素分为行政区层、地类层、土壤层等图斑层。将分层采集的数据分层保存。

（三）矢量化数据的拓扑检查

由于在矢量化过程中不可避免地要存在一些问题，因此，在完成图形数据的分层矢量化以后，要进行下一步工作时，必须对分层矢量化以后的数据进行矢量化数据的拓扑检查。在对矢量化数据的拓扑检查中主要是完成以下几方面的工作：

1. 消除在矢量化过程中存在的一些悬挂线段 在线状要素的采集过程中，为了保证线段完全闭合，某些线段可能出现相互交叉的情况，这些均属于悬挂线段。在进行悬挂线段的检查时，首先使用 MapGIS 的线文件拓扑检查功能，自动对其检查和清除，如果其不能够自动清除的，则对照原始图件资料进行手工修正。对线状要素进行矢量化数据检查完成以后，随即由作图员对所矢量化的数据与原始图件资料相对比进行检查，如果在对检查过程中发现有一些通过拓扑检查所不能够解决的问题，矢量化数据的精度不符合精度要求的，或者是某些线状要素存在着一定的位移而难以校正的，则对其中的线状要素进行重新矢量化。

2. 检查图斑和行政区等面状要素的闭合性 图斑和行政区是反映一个地区耕地资源状况的重要属性，在对图件资料中的面状要素进行数据的分层矢量化采集中，由于图件资料中所涉及的图斑较多，在数据的矢量化采集过程中，有可能存在着一些图斑或行政界的不闭合情况，可以利用 MapGIS 的区文件拓扑检查功能，对在面状要素分层矢量化采集过程中所保存的一系列区文件进行矢量化数据的拓扑检查。在拓扑检查过程中可以消除大多数区文件的不闭合情况。对于不能够自动消除的，通过与原始图件资料的相互检查，消除其不闭合情况。如果通过对矢量化以后的区文件的拓扑检查，可以消除在适量化过程中所出现的上述问题，则进行下一步工作，如果在拓扑检查以后还存在一些问题，则对其进行重新矢量化，以确保系统建设的精度。

（四）坐标的投影转换与图件拼接

1. 坐标转换　在进行图件的分层矢量化采集过程中，所建立的图面坐标系（单位为毫米），而在实际应用中，则要求建立平面直角坐标系（单位为米）。因此，必须利用MapGIS所提供的坐标转换功能，将图面坐标转换成为正投影的大地直角坐标系。在坐标转换过程中，为了能够保证数据的精度，可根据提供数据源的图件精度的不同，在坐标转换过程中，采用不同的质量控制方法进行坐标转换工作。

2. 投影转换　县级土地利用现状数据库的数据投影方式采用高斯投影，也就是将进行坐标转换以后的图形资料，按照大地坐标系的经纬度坐标进行转换，以便以后进行图件拼接。在进行投影转换时，对 1∶10 000 土地利用图件资料，投影的分带宽度为 3°。但是根据地形的复杂程度，行政区的跨度和图幅的具体情况，对于部分图形采用非标准的 3° 分带高斯投影。

3. 图件拼接　垣曲县提供的 1∶10 000 土地利用现状图是采用标准分幅图，在系统建设过程中应图幅进行拼接。在图斑拼接检查过程中，相邻图幅间的同名要素误差应小于 1 毫米，这时移动其任何一个要素进行拼接，同名要素间距为 1～3 毫米的处理方法是将两个要素各自移动一半，在中间部分结合，这样图幅拼接完全满足了精度要求。

五、空间数据库与属性数据库的连接

MapGIS 系统采用不同的数据模型分别对属性和空间数据进行存储管理，属性数据采用关系模型，空间数据采用网状模型。两种数据的连接非常重要。在一个图幅工作单元 Coverage 中，每个图形单元由一个标识码来唯一确定。同时一个 Coverage 中可以若干个关系数据库文件即要素属性表，用以完成对 Coverage 的地理要素的属性描述。图形单元标识码是要素属性表中的一个关键字段，空间数据与属性数据以此字段形成关联，完成对地图的模拟。这种关联是 MapGIS 的两种模型联成一体，可以方便地从空间数据检索属性数据或者从属性数据检索空间数据。

对属性与空间数据的连接采用的方法是：在图件矢量化过程中，标记多边形标识点，建立多边形编码表，并运用 MapGIS 将用 Foxpro 建立的属性数据库自动连接到图形单元中，这种方法可由多人同时进行工作，速度较快。

第三章 耕地土壤属性

第一节 耕地土壤类型

一、土壤类型及分布

根据全国第二次土壤普查，1985 年山西省第二次土壤普查土壤工作分类系统，垣曲县土壤共分四大土类，10 个亚类，31 个土属，50 个土种。其分布受地形、地貌、水文、地质条件影响，随地形呈明显变化。具体分布见表 3-1。

表 3-1 垣曲县土壤分布状况

土类 (4个)	亚类 (10个)	土属 (31个)	土种名称 (50个)	面积 (亩)	分布
山地草原草甸土	山地草原草甸土	红黄土质山地草原草甸土	中厚层红黄土质山地草原草甸土	3 600	历山
山地棕壤	山地棕壤	红黄土质山地棕壤	中厚层红黄土质山地棕壤	107 400	历山
	山地棕壤性土	砂岩质山地棕壤性	薄层砂岩质山地棕壤性土	19 200	
			中厚层砂岩质山地棕壤性土	19 500	
		安山岩质山地棕壤性土	薄层安山岩质山地棕壤性土	64 600	
褐土	淋溶褐土	砂岩质淋溶褐土	薄层砂岩质淋溶褐土	156 900	东峰山、麻姑山、箆子沟矿、冶炼厂，历山的前五里坡等
			中厚层砂岩石质淋溶褐土	36 900	
		安山岩质淋溶褐土	薄层安山岩质淋溶褐土	217 590	尖古垛、梨树沟、李家疙瘩、柿树沟、关岭沟、解峪的差沟，毛家的歪头山，皋落的大犁沟，历山的在东岭，蒲掌的大红张家凹等一带
		红黄土质淋溶褐土	中厚层红黄土质淋溶褐土	75 760	历山的黑峪、东山、木还沟、毛家的石北崖、皋落的老屋沟等地带
		耕种红黄土质淋溶褐土	中厚层耕种红黄土质淋溶褐土	10 800	历山的十里坡、火神庙、石板沟农场、马家河葫芦顶一带
		千枚岩质淋溶褐土	薄层千枚岩质淋溶褐土	79 140	历山的黄背岭、杜家沟、毛家的岭南、峪家山一带

（续）

土类 (4个)	亚类 (10个)	土属 (31个)	土种名称 (50个)	面积 (亩)	分布
褐　土	山地褐土	砂岩质山地褐土	薄层砂岩质山地褐土	135 610	毛家、长直、历山、蒲掌、古城、解峪等
		灰岩质山地褐土	薄层灰岩质山地褐土	54 750	王茅的五女山、马家山，新城的中庄，毛家的后宝滩，长直的前燕尾沟、解峪的解村，历山的康家坡、马家庄、宋家湾一带
			中厚层灰岩质山地褐土	44 630	
		安山岩质山地褐土	薄层安山岩质山地褐土	33 580	毛家的白虎山、桃树凹、西胡崖下、风山，新城的西横山、山神庙、桑园沟，解峪的松树岭，英言的牛心山，张家庄等一带
		砂页岩质地褐土	薄层砂页岩质山地褐土	43 100	刘家庄、西阳、陈家坪、小南坡、西沟、陡坡、红瓦房，英言的闫家山、王茅的成家坡、金固垛、杨家岭、毛家的金家岭等一带
			中厚层砂页岩质山地褐土	9 800	
		红黄土质山地褐土	薄层红黄土质山地褐土	85 899	毛家的火神庙、程家山、前南坡，蒲掌的于家山，历山的马家沟、文家庄、大石崖、马蹄凹，英言的沙掌坡、古城的裴家庄、黄八岭，新城的老母疙瘩，华峰的东马
			中厚层红黄土质山地褐土	172 257	
		耕种红黄土质山地褐土	中厚层耕种红黄土质山地褐土	30 126	历山的南坡、春树庄、长直的古垛、上涧，皋落的前凹，毛家的胡家峪、南山村、解峪的南坪，新城的黑峪
			少砾中厚层耕种红黄土质山地褐土	7 837	
		耕种沟淤山地褐土	少砾中厚层耕种沟淤山地褐土	2 250	零星分布在皋落、历山等乡（镇）的低山，沟壑底部
		千枚岩质山地褐土	薄层千枚岩质山地褐土	79 812	蒲掌的钢里沟、白草凹、上窑头，历山的东河、后河低山一带
		耕种红黏土质山地褐土	中厚层耕种红黏土质山地褐土	5 150	零星分布在毛家的柴家沟、沟底，新城的前磨石沟、古垛等地带
	粗骨性褐土	安山岩质粗骨性褐土	中厚层安山岩质粗骨性褐土	19 812	王茅、谭家
	褐土性土	耕种黄土褐土性土	轻壤轻蚀耕种黄土状褐土性土	4 025	零星分布在古城、王茅等乡（镇）的丘陵下部及缓坡地带

（续）

土 类 （4个）	亚 类 （10个）	土 属 （31个）	土种名称 （50个）	面 积 （亩）	分 布
褐 土	褐土性土	红黄土质褐土性土	中壤中蚀红黄土质褐土性土	35 825	王茅、长直、华峰、历山、古城、英言等均有分布
			重壤中蚀红黄土质褐土性土	49 625	
			中壤中蚀浅位中厚料姜层红黄土质褐土性土	2 062	
		耕种红黄土质褐土性土	中壤轻蚀耕种红黄土质褐土性土	8 075	长直、新城、王茅、华峰等乡（镇）
		耕种红黏土质褐土性土	重壤轻蚀耕种红黏土质褐土性土	20 562	皋落、古城、蒲掌、历山、解峪、毛家的毛家村等
			黏土轻蚀耕种红黏土质褐土性土	15 875	
			重壤轻蚀少料姜耕种红黏土质褐土性土	10 125	
		耕种红黄土状褐土性土	中壤轻蚀耕种红黄土状褐土性土	243 409	该土分布广泛
			中壤轻蚀深位古黏化层耕种红黄土状褐土性土	5 337	
			重壤轻蚀耕红黄土状褐土性土	100 215	
			中壤轻蚀少砾耕种红黄土状褐土性土	4 212	
			重壤轻蚀少砾耕种红黄土状褐土性土	7 362	
			中壤轻蚀深位中厚料姜层耕种红黄土状褐土性土	38 437	
			重壤轻蚀深位中厚砾石层耕种红黄土状褐土性土	6 000	
		耕种黄土质褐土性土	中壤轻蚀耕种黄土质褐土性土	42 437	蒲掌、古城、王茅、长直等乡（镇）
		耕种沟於褐土性土	耕种沟於褐土性土	3 737	长直、皋落、王茅等乡（镇）
	碳酸盐褐土	耕种红黄土状碳酸盐褐土	中壤耕种红黄土状碳酸盐褐土	35 157	古城的允岭，华峰的华锋村，蒲掌的西阳，王茅的上亳、王茅村，长直的鲁家坡等地带
		耕种黄土状碳酸盐褐土	中壤浅位厚黏化层耕种黄土状碳酸盐褐土	18 287	古城的古城村及本县河流两岸地带
		耕种人工堆垫碳酸盐褐土	少砾耕种人工堆垫碳酸盐褐土	6 275	主要分布在本县各河流两岸

二、土壤类型特征及主要生产性能

（一）山地草甸土

垣曲县山地草甸土土类只有 1 个山地草甸土亚类，中厚层黄土质山地草原草甸土 1 个土种（红黄土质潮毡土）。山地草甸土分布于本县东北部，海拔为 2 200～2 321 米之间的历山舜王坪山顶平台缓坡处，坡度 5°左右，与下部的棕壤相接，面积 3 600 亩，占调查总面积的 0.16%，是分布最高、面积最小的一类土壤。

由于山地草甸土位于季风区，山地海拔高，高寒湿润气候和高寒草甸植被的生物气候条件下附于优越的地形条件而形成的一种半水成的山地土壤。其特殊的自然条件形成了该区域特有的生物气候特点：冬长而冷，雪厚冰多；夏短而凉，多雨湿润。全年无霜期仅有90～110 天，土体在 5 月上、中旬方能解冻，但到 9 月下旬又进入冰冻期，极端最高气温只有 15～18℃，极端最低气温可达－30～－35℃，年降水量一般为 1 000 毫米以上。特别是夏秋之季，雨大雨多，而且蒸发量小，约 60～70 毫米，相对湿度较高，尤以夏天最明显，可达 80%左右，与气候条件相适应的土壤生长着与之相匹配的耐寒草甸植物，以苔草、兰花棘豆、地榆、绣线菊、忍冬、火绒草、地柏、山野豌豆、委菱菜等为主的耐寒草甸植物，形成了特有的生物片，土壤长期处于潮冷湿凉状态，嫌气性细菌活动往往处于绝对优势。

山地草甸土因发育于红黄土母质上，又有特定的自然环境条件制约，故而成土过程有4 个特点：一是地面生长草甸草木植被，土壤有机质丰富积累；二是由于降水较多，土壤淋溶作用很强；三是土壤常呈湿润状态，虽有氧化还原交替过程，但还原过程甚于氧化过程；四是气候严寒导致其成土母质冻结作用强烈，结果是有机质分解缓慢，茂密的草本植物残体遗留于地表，形成较厚的有机质层，化学风化微弱，盐基释放少，淋溶作用强，土壤中吸收性复合体缺乏盐基而呈微酸性反应。

山地草原草甸土类有山地草原草甸土 1 个亚类，为红黄土质山地草原土草甸土属，红黄土质潮毡土种。其土层厚度大于 30 厘米，典型剖面无石灰反应，其土 0～3 厘米为枯草层；3～20 厘米，暗褐色、中壤团粒、疏散、润、根系中量；20～30 厘米，暗黄褐色、中壤、块状、稍紧、润、根系中量；30～38 厘米，暗黄褐色、中壤、块状；38 厘米以下，未风化的变质石英砂岩。

其剖面理化性状见表 3-2。

表 3-2 中厚层红黄土质山地草甸土理化性状

深度（厘米）	有机质（克/千克）	全氮（克/千克）	全磷（克/千克）	CaCO₃（%）	代换量（me/百克土）	pH	物理黏粒（<0.01 毫米）
3～20	44.3	2.3	0.61	0	12.6	7.0	30.21
20～30	40.8	2.1	0.52	0	18.8	7.3	39.32
30～38	27.5	1.7	0.62	0	19.8	7.4	41.85

山地草甸土，地处高寒，土层较厚，植被良好，有机质含量较高，是当地优良的天然

牧草资源。

（二）棕壤

分布与地理状况：棕壤主要分布于垣曲县历山海拔为 1 500 米以上的中山地带，面积 410 700 亩，占总面积的 9.5%，是本县林区主要的土壤。

本区的气候条件是：夏季暖热多雨，冬季寒冷而干旱，是明显受东南季风气候影响而形成的特殊气候地区。年平均气温 5～7℃，无霜期 120 天左右，年平均降水量 800 毫米左右，最高可达 1 200 毫米以上。

1. 成土特点 该区植被主要为针阔叶混交林，包括油松、云杉、华北落叶松、桦树、山杨、柞树等，灌草植被有刺玫、地柏、锈线菊、地榆等，土壤中嫌气性微生物十分活跃。由于植被茂密、光照不足、空气湿润，大量枯枝落叶和草本植物残体分解缓慢、大量积累，年复一年，长期停留在小生物循环中，这些疏松的枯枝落叶有机物拦截和积蓄了大量的雨水，使土壤长年保持相当充沛的水分，盐基大部分被淋洗下去，就是在碳酸盐母质上发育的棕壤 Ca、Mg、Na、K 等化合物也都被淋洗，因而土壤呈中性或微酸性反应，土体中并有较明显的黏粒淋溶淀积层。

2. 主要类型 垣曲县山地棕壤，据其成土过程分为山地棕壤、山地棕壤性土 2 个亚类。

（1）山地棕壤：山地棕壤主要分布在本县历山海拔为 1 500～1 600 米以上的高中山阴坡、半阴坡地带，该土因发育于红土母质上，故将其划分为 1 个土属，即红黄土质山地棕壤；1 个土种，中厚层红黄土质山地棕壤。

中厚层红黄土质山地棕壤（红黄土质棕壤）：

其植被以落叶松、云杉、桦树为主，土体结构为：枯枝落叶——腐殖质层——棕色黏化层——母质层。腐殖化层较厚，一般为 10～15 厘米，有机质含量较高，一般为 5%～10%，色棕褐，有真菌丝体，通体无石灰反应，土体中有活性铁反应（铁遇氧化钾变蓝），一般黏化层反应色浅。

该土面积 107 400 亩，占普查面积的 4.81%。其土层厚度均大于 30 厘米，其中典型剖面为：

0～10 厘米，枯枝落叶层。

10～23 厘米，暗褐色的腐殖层，中壤，团粒结构，疏松，润，根系多，无石灰反应。

23～40 厘米，浅黄褐色，重偏中壤，粒块状，稍紧，湿润，根系中量，无石灰反应。

40～60 厘米，红黄色，重壤，粒块状，紧实，潮润，根系少量，无石灰反应。

68 厘米以下，未风化的基岩。剖面理化性状见表 3-3。

表 3-3　中厚层红黄土质山地棕壤理化性状

深度（厘米）	有机质（克/千克）	全氮（克/千克）	全磷（克/千克）	CaCO₃（%）	代换量（me/百克土）	pH	物理黏粒（<0.01 毫米）
0～10				枯枝落叶			
10～23	13.0	5.48	1.25	0.1	37	7.1	44.2
23～40	36.8	1.69	0.57	0.0	24.7	6.1	45.5
40～68	4.5	1.51	1.68	0.0	31.1	6.3	51.8

山地棕壤林木茂密，气候寒冷潮湿，自然肥力较高，在改良利用上应因地制宜发挥优势，以菌药为主，并有计划的间伐育苗，保持其生态平衡。

（2）山地棕壤性土亚类：山地棕壤性土亚类分为沙质山地棕壤性土和安山岩质山地棕壤性土2个土属，3个土种。

山地棕壤性土主要分布在本县历山棕壤下限或坡度较陡，而植被相对较差的山地上，有时与棕壤亚类显重复域分布。

山地棕壤性土主要有以下几个特征：①土壤侵蚀较严重，土层瘠薄，局部地方有基岩裸露。②土体中母岩碎片含量较大，养分含量较棕壤亚类低，发育层次不明显，其他与棕壤相似。依据土壤土母发育不同将其划分为2个土属。沙砾岩质山地棕壤性土属和安山岩质山地棕壤性土属。

沙砾岩质山地棕壤性土属，面积38 700亩，占总面积的1.37%。又据其土层厚薄将其划为2个不同土种：

薄层沙砾岩质山地棕壤性土（薄沙泥质棕土），面积19 200亩。

中厚层沙砾岩质山地棕壤性土（薄硅铝质棕土），面积19 500亩。

以上2个土种除土层厚度不同外，其他形态特征基本相似。其基本特征：

0～3厘米为枯枝落叶。

3～15厘米为灰棕色棕壤，粒状，疏松，湿润，根系多，砾石含量在20%左右，无石灰反应。

15～34厘米，红棕褐色，重偏中壤，核块，紧实，潮润，根系中等，砾石含量30%左右，无石灰反应。

34～44厘米，未风化层。

44厘米以下为基岩。

沙砾岩质山地棕壤性土属2个土类土壤养分的理化性状见表3-4。

表3-4 薄层沙砾岩质山地棕壤性土、中厚层沙砾岩质山地棕壤性土理化性状

深度 （厘米）	有机质 （克/千克）	全氮 （克/千克）	全磷 （克/千克）	$CaCO_3$ （%）	代换量 （me/百克土）	pH	物理黏粒 （<0.01毫米）
3～15	30.4	1.57	0.69	0	31.8	7.6	33.2
15～34	10.7	0.53	0.61	0.34	35.2	7.9	44.5

安山岩质山地棕壤性土土属。

薄层安山岩质山地棕壤性土（硅质棕土）：

安山岩质山地棕壤性土主要分布在垣曲县海拔为1 400～1 800米的天盘山、西芦园等地，面积64 600亩，占调查面积的2.9%，因其土层厚度均在30厘米以上。因此，仅有1个土种，其基本特征为：

0～4厘米为枯枝落叶。

4～33厘米，深灰，轻，粒块，疏松，根系多，砾石含量为15%左右。

33～43厘米，半风化物＋土层，根系中量、砾石含量60%左右，无石灰反应。

43厘米以下为基岩。其土壤养分和理化性状见表3-5。

表 3-5　中厚层安山岩质山地棕壤性土理化性状

深　度 （厘米）	有机质 （克/千克）	全　氮 （克/千克）	全　磷 （克/千克）	CaCO₃ （%）	代换量 （me/百克土）	pH	物理黏粒 （<0.01毫米）
1～33	40	1.79	1.65	0.37	23.7	6.6	21.6

（三）褐土

褐土在垣曲县分布最广，分布在平川二级阶地，山前倾斜平原，丘陵和山区的广大地区，海拔为 250～1 500 米，包括 11 个乡（镇），为全县主要土壤，也是全县主要的耕种土壤，占普查面积的 87.7%。由于全县属暖温半干旱半湿润的季风气候带，夏季短、温度高又多雨，冬季长、寒冷又干燥。植被多呈旱生型浅草植被，分布在田埂上，如荆条、酸枣、狗尾草、马唐、白茅、苦菜、黄刺玫、蒿类等。本县褐土，除山地为沙砾岩、片麻岩、安山岩、千枚岩、灰岩、砂岩等风化物残积母质形成外，主要为黄土母质，多为第四纪沉积物及其次生堆积物，一般都是在富含碳酸盐的第四纪黄土上发育形成的。成土过程不受地下水影响。

成土过程及特点：褐土的形成过程主要是黏化过程和碳酸钙的淋溶与积聚过程。黏化过程则以残积黏化和明显的淀积黏化过程相伴进行。

垣曲县褐土地下水位较深，从 10～100 米，土体内外排水良好。所以，褐土在形成过程中不受地下水影响。但在干湿季节明显的半干旱、半湿润的气候条件下，高温高湿同时出现，土体中有一定的淋溶作用。据剖面观察，除部分山地土土层过薄外，大部分地段 40～80 厘米土层中可见假菌丝状石灰淀积，间或出现石灰结核。但由于蒸发量高于降水量 3 倍，所以土体淋溶过程只是季节性的，而且进行的不充分，黏化作用整个来看不很明显，三氧化物上下层近乎一致，无明显移动迹象，土壤胶体呈盐基饱和状态。

此外，由于垣曲县褐土成土过程是在夏季的高温高湿的环境中进行，故有机质的转化过程迅速，即使在较茂密的草灌植被下，腐殖的含量也不高。该区耕种土壤表层有机质一般为 0.5%～1.2%，全氮为 0.05%～0.08%，pH 为 8～8.5，种植作物主要有小麦、玉米、谷子、豆类等，两年三熟或一年两熟，丘陵、沟壑地带一般一年一熟。

垣曲县褐土据其生物气候、地形部位、形成特征，可划分为淋溶褐土，山地褐土、粗骨性褐土，褐土性土，碳酸盐褐土 5 个亚类，25 个土属，39 个土种：

1. 淋溶褐土　主要分布于垣曲县新城、毛家、历山、皋落等乡（镇），海拔为 900～1 400米的山地一带，面积 577 090 亩，占总普查面积 25.8%。

淋溶褐土，一般未经开垦种植，自然植被较好，有山桃、山杏、荆条、黄刺玫、酸刺、胡枝子等草木灌丛和零星的油松、桦树、落叶松、柞树等乔木树种，覆盖度达 80% 以上，草本高度 20～60 厘米，林木郁闭度 0.4～0.6。其特征：

土体构型：表层为 1～2 厘米厚的枯枝落叶，其下为 5～10 厘米的腐殖质层，灰褐色，有机质含量达 2%～5%，屑粒或团粒结构。紧接腐殖质层下为淋溶层，颜色较浅，质地多为轻壤，粒块状结构，pH 较上层略有上升，底土层常为半分化的母岩碎片。

表土、心土无石灰反应，底土可因母质的不同，无或有微弱的石灰反应。

黏化钙积一般不明显。

本亚类依母质及耕种与否，划分为 5 个土属：

（1）砂岩质淋溶褐土：主要分布于新城的东峰山，皋落的麻姑山，笸子沟矿、冶炼厂、历山的前五里坡等，海拔为 1 000～1 400 米处，面积 193 800 亩，占总面积 8.68%。该土属据其土层薄厚划分为 2 个土种：

①薄层砂岩质淋溶褐土（薄沙泥质淋土）：面积 156 900 亩，占总面积 7.03%。

②中厚层砂岩质淋溶褐土（泥沙质淋土）：面积 36 900 亩，占总面积 1.65%。

以上 2 个土种除土层厚度不同外，其形态特征基本相似。现以中厚层砂岩质淋溶褐土为例，予以描述：

0～1 厘米，枯草层。

1～11 厘米，灰褐，轻壤，粒块，疏松，润，根系多，无石灰反应。

11～57 厘米，浅红棕，轻壤，块状结构，稍紧，润，根系多，无石灰反应。

47～55 厘米，半风化物，有少量根系。

55 厘米以下基岩层。

剖面理化性状见表 3-6。

表 3-6　薄层砂岩质淋溶褐土、中厚层砂岩质淋溶褐土理化性状

深度（厘米）	有机质（克/千克）	全氮（克/千克）	全磷（克/千克）	CaCO₃（%）	代换量（me/百克土）	pH	物理黏粒（<0.01毫米）
1～11	34.5	1.84	0.77	0.77	8.5	8.0	15.7
11～47	30.2	1.61	0.84	0.39	7.5	8.1	15.7

（2）安山岩质淋溶褐土：主要分布在尖古垛、梨树沟、李家圪塔、柿树沟、关岭沟、解峪的差沟，毛家镇的歪山头、皋落的大梨沟、历山镇的大东岭，蒲掌的大张家凹等一带，面积 219 510 亩，占总普查面积的 9.74%，该土属按土层厚薄划为 1 个土种。

即薄层安山岩质淋溶褐土，面积 143 750 亩，占总普查面积 6.7%。

典型剖面描述如下：

0～2 厘米，枯草层。

2～19 厘米，灰黑，中壤，屑粒，疏松，润，根系多，沙砾含量 10% 左右，无石灰反应。

19～30 厘米，暗灰，团块，中壤，稍紧，潮润，根系较多，无石灰反应，砾石含量 10%。

30～60 厘米，半风化物。

60 厘米以下，基岩。

剖面理化性状见表 3-7。

表 3-7　薄层安山岩质淋溶褐土理化现状

深度（厘米）	有机质（克/千克）	全氮（克/千克）	全磷（克/千克）	CaCO₃（%）	代换量（me/百克土）	pH	物理黏粒（<0.01毫米）
2～19	17.6	0.92	0.57	0.12	19.1	8.0	31.0
19～30	无化验						

（3）红黄土状淋溶褐土：主要分布在历山的黑峪、东山、木还沟、毛家的石北崖、皋落的老屋沟等地带，面积 75 760 亩，占总普查面积的 3.39%。因其土层厚度均大于 3 厘米，故仅划为 1 个土种，即中厚层红黄土状淋溶褐土（红黄淋土）。

现将典型剖面描述如下：剖面采自皋落老屋沟大队老保桐山、海拔为 1 150 米处。

0～1 厘米，枯草、落叶层。

1～5 厘米，半分解的腐殖质层。

5～16 厘米，浅红黄，中壤，粒块，疏松，润，根系多，有少量砾石侵入，无石灰反应。

16～35 厘米，红黄，重壤，粒块，稍紧，润，根系多，无石灰反应。

35～71 厘米，棕红，重壤，棱块，紧实，润，根系中，无石灰反应。

71 厘米以下，未风化的基岩层。

剖面理化性状见表 3-8。

表 3-8　中厚层红黄土状淋溶褐土理化性状

深度 （厘米）	有机质 （克/千克）	全 氮 （克/千克）	全 磷 （克/千克）	CaCO₃ （%）	代换量 （me/百克土）	pH	物理黏粒 （<0.01 毫米）
5～16	17.7	10.8	0.41	0.06	17.6	7.8	54.6
16～35	21.6	0.92	0.44	0.13	/	7.7	56.8
35～71	8.6	0.58	0.4	0	19.7	7.65	60.1

（4）耕种红黄土质淋溶褐土：主要分布在历山的十里坡、火神庙、石板沟农场、马家河固芦顶一带，面积 10 800 亩，占总普查面积的 0.48%。目前均为农业利用，该土属因土层厚度均大于 30 厘米，故划分 1 个土种，即中厚层耕种红黄土质淋溶褐土（红黄淋土）。

现将典型剖面描述如下：

0～6 厘米，灰黄褐，重壤，屑粒，疏松，润，根系多，无石灰反应。

6～30 厘米，红黄，重壤，粒块，稍紧，润，根系多，无石灰反应。

30～60 厘米，棕褐，重壤，块状结构，稍紧，润，根系中量，无石灰反应。

60～98 厘米，浅棕褐，重壤，块状结构，紧实，润，根系少，无石灰反应。

98～150 厘米，棕褐，重壤，块状结构，紧实，润，无石灰反应。

剖面理化性状见表 3-9。

表 3-9　中厚层耕种红黄土质淋溶褐土理化性状

深　度 （厘米）	有机质 （克/千克）	全 氮 （克/千克）	全 磷 （克/千克）	CaCO₃ （%）	代换量 （me/百克土）	pH	物理黏粒 （<0.01 毫米）
0～6	22.5	1.47	0.82	0.16	24.1	7.8	52.7
6～30	16.4	1.02	0.75	0.25	24.2	7.9	50.4
30～60	16.7	0.97	0.63	0.28	22.6	7.7	49.7
60～98	7	0.51	0.51	0.28	20.7	7.7	50.6

（5）千枚岩质淋溶褐土：主要分布在历山的黄背岭、杜家沟、毛家的岭南、峪家山一带，面只 79 140 亩，占总普查面积的 3.54%。因其土层厚度均在 30 厘米以下，故仅划为 1 个土种，即薄层千枚岩质淋溶褐土（薄沙泥淋土）：

现将典型剖面描述如下：剖面采自历山后河大梁玉脚海拔为 960 米处。

0～3 厘米，草皮层。

3～19 厘米，灰褐，中壤，粒块，疏松，润，根系多，少砾，无石灰反应。

19～32 厘米，灰褐，重壤，团块，稍紧，润，根系中，少砾，无石灰反应。

32 厘米以下，千枚岩的半风化物。

剖面理化性状见表 3 - 10。

表 3 - 10　薄千枚岩质淋溶褐土理化性状

深　度 （厘米）	有机质 （克/千克）	全　氮 （克/千克）	全　磷 （克/千克）	CaCO₃ （%）	代换量 （me/百克土）	pH	物理黏粒 （<0.01 毫米）
3～19	46.1	2.14	0.67	/	25.3	8.0	37.2
19～32	48.4	2.28	0.76	1.0	44.0	8.0	58.9

以上砂岩质淋溶褐土、安山岩质淋溶褐土、千枚岩质淋溶褐土、红黄土状淋溶褐土 4 个自然土壤，同样是本县重要的林业基地，对现有林地要认真地加以抚育和管护，严禁乱砍滥伐。对未成林的荒山、荒坡要有计划地封山育林，尤其应以营造华北落叶松等速生针叶林为主，加快林业建设步伐。

耕种红黄土质淋溶褐土土属，虽然土层深厚，肥力较高，已被农用，但作物产量不高，一般单产 75 千克左右，所以应退耕还林还牧，或种植药材等。

2. 山地褐土　山地褐土在垣曲县地带性土壤范围内，几乎每个乡（镇）都有分布，是本县面积最大、分布较广的土壤类型之一。面积 764 801 亩，占总普查面积的 34.25%。海拔高度为 600～1 000 米，主要位于淋溶褐土以下，或于淋溶褐土混杂分布。发育于沙砾岩、灰岩、安山岩、千枚岩、砂页岩及黄土、红黄土、红黏土母质上，其特征：

a. 表层有较薄的枯草层，其下是一层薄的腐殖质层，有机质含量多为 2% 左右。剖面颜色由黄褐、灰褐到棕褐色，土壤结构为屑粒、核状或块状，在土体较厚的心土层有黏粒移动现象，并可见到极少量的假菌丝体，底土为风化的母质层。剖面质地变化较大，可由轻壤到重壤，局部有黏土出现。

b. 土体上下有不同程度的石灰反应，呈微碱性。

c. 植被与淋溶褐土基本相似，多以草灌为主，耐旱耐瘠薄的酸枣、黄刺玫、荆条、铁秆蒿、野青蒿、胡枝子等较多，覆盖率可达 70%～80%。

d. 养分含量较低、发育层次不明显。

山地褐土目前已有部分开垦种植，根据母质类型及耕种与否将其划为 9 个土属。

（1）砂岩质山地褐土（沙石砾土）：现将典型剖面描述如下，剖面采自长直上涧大队西石牛凹。

0～1 厘米，草皮层。

1～15 厘米，深灰褐，中壤，屑粒，疏松，稍润，根系多，石灰反应较强，砾石含量

10％左右。

15～30 厘米，浅灰，中壤，粒块，稍紧，润，根系较多，石灰反应较强。

30～45 厘米，半风化层。

45 厘米以下，基岩。

剖面理化性状见表 3-11。

表 3-11　薄层砂岩质山地褐土理化性状

深度 （厘米）	有机质 （克/千克）	全　氮 （克/千克）	全　磷 （克/千克）	CaCO₃ （％）	代换量 （me/百克土）	pH	物理黏粒 （＜0.01 毫米）
1～15	22.2	1.37	0.37	3.8	20.3	8.0	38.1
15～30	22.0	1.18	0.53	3.5	21.2	8.1	33.0

（2）灰岩质山地褐土：主要分布在王茅的五女山，马家山；新城的中庄；毛家的后宝滩；长直的前燕尾沟；解峪的法家山、后坪、解村；历山的康家坡、马家庄、宋家湾等一带，面积 99 380 亩，占总普查面积的 4.45％。该土层据土层厚度的不同，划分为 2 个土种：

①薄层灰岩质山地褐土（灰石砾土），面积 54 750 亩，占总普查面积的 2.45％。

②中厚层灰岩质山地褐土（灰石砾土），面积 44 930 亩，占总普查面积的 2％。

以上 2 个土种除土层厚度不同外，其形态特征基本相似，现以中厚层灰岩质山地褐土为代表，描述如下：

0～1 厘米，草皮层。

1～5 厘米，灰红褐，中壤，屑粒，疏松，润，根系多，石灰反应强烈，有少量砾石侵入。

5～20 厘米，黄白，轻壤，块状结构，稍紧，润，有霜状 CaCO₃ 淀积，根系较多，强石灰反应。

20～43 厘米，黄白，轻壤，块状结构，稍紧，润，有中量霜状 CaCO₃ 淀积，根系中量，石灰反应强烈。

43 厘米以下，半风化物层。

剖面理化性状见表 3-12。

表 3-12　薄层灰岩质山地褐土、中厚层灰岩质山地褐土理化性状

深度 厘米	有机质 （克/千克）	全　氮 （克/千克）	全　磷 （克/千克）	CaCO₃ （％）	代换量 （me/百克土）	pH	物理黏粒 （＜0.01 毫米）
1～5	27.1	1.64	0.73	18.2	23.2	8.0	47.3
5～20	8.3	0.48	0.61	36.5	9.8	8.2	16.3
20～43	5.7	0.43	0.54	35.7	8.5	8.2	16.3

（3）安山岩质山地褐土：主要分布于毛家的白虎山、桃树凹、西胡崖下、风山；新城的西横山、山神庙、桑园沟；解峪的松树岭；英言的牛心山；蒲掌的张家庄等带，面积 93 580 亩，占总普查面积的 4.19％，因其土层厚度均小于 30 厘米，故仅划为 1 个土种，

即薄层安山岩质山地褐土（均沙渣土）。

现将典型剖面描述如下：

0～1厘米，草皮层。

1～24厘米，浅灰褐、中壤、屑粒碎块、疏松、润、根系多，石灰反应强烈；有少量砾石侵入。

24厘米以下，安山岩半风化物。

剖面理化性状见表3-13。

表3-13　薄层安山岩质山地褐土理化性状

深度 （厘米）	有机质 （克/千克）	全氮 （克/千克）	全磷 （克/千克）	CaCO₃ （%）	代换量 （me/百克土）	pH	物理黏粒 （<0.01毫米）
1～24	22.4	1.24	0.65	31.4	24.3	8.2	47.6.1

（4）砂页岩质山地褐土：主要分布在蒲掌的刘家庄、西阳、陈家坪、小南坡、西沟、红瓦房；英言的阎家山；王茅的成家坡，金固埠、杨家岭；毛家的金家岭等一带，面积52 900亩，占总面积的2.47%；据其土层薄厚划分为2个土种：

①薄层砂页岩质山地褐土（红立黄土），面积43 100亩，占总普查面积的1.93%。

②中厚层砂页岩质山地褐土，面积9 800亩，占总普查面积的0.44%。

以上2个土种的形态特征基本相似，不同之处主要是土层厚薄不一，现以厚层砂页岩质地山地褐土为例描述如下：

0～1厘米，枯草层。

1～22厘米，灰红褐，中壤，屑粒，疏松，润，根系多，石灰反应强烈，有少量砾石侵入。

22～37厘米，浅红，中壤，粒块，稍紧，润，根系中，石灰反应强烈，有少量砾石。

37～61厘米，红棕，中壤，块状结构，稍紧，润，根系少，石灰反应较强，有少量砾石。

61厘米以下，基岩。

剖面理化性状见表3-14。

表3-14　薄层砂页岩质山地褐土、中厚层砂岩质山地褐土理化性状

深度 （厘米）	有机质 （克/千克）	全氮 （克/千克）	全磷 （克/千克）	CaCO₃ （%）	代换量 （me/百克土）	pH	物理黏粒 （<0.01毫米）
1～22	7.8	0.50	0.66	9.1	16.5	8.3	38.6
22～37	5.1	0.42	0.64	11.8	14.9	—	32.4
37～61	2.5	0.23	0.67	7.8	15.9	8.4	37.6

（5）红黄土质山地褐土：主要分布在毛家的火神庙、程家山、前南坡；蒲掌的于家山；历山的马家沟、文家庄、大石崖、马蹄凹；英言的沙掌坡；古城的裴家庄；新城的老母圪塔、黄八岭；华峰的东马大队等地带，面积186 094亩，占总普查面积的8.33%。该土属据其土层薄厚划分为2个土种：

①薄层红黄土质山地褐土（红立黄土），面积 85 899 亩，占总普查面积的 3.85%。

②中厚层红黄土质山地褐土（红立土），面积 172 257 亩，占总普查面积的 7.71%。

以上 2 个土种除土层厚度不同外，其形态特征基本相似，现以中厚层红黄土质山地褐土为代表描述如下：

0～10 厘米，浅红褐，重壤，碎块，疏松，润，根系多，石灰反应微弱。

10～28 厘米，红褐，重壤，块状结构，紧实，润，根系中，石灰反应较弱。

28～48 厘米，红褐，重壤，棱块，紧实，润，根系少，有弱石灰反应。

48 厘米以下，未风化的基岩。

剖面理化性状见表 3 - 15。

表 3 - 15 薄层红黄土质山地褐土、中厚层红黄土质山地褐土理化性状

深　度 （厘米）	有机质 （克/千克）	全　氮 （克/千克）	全　磷 （克/千克）	CaCO$_3$ （%）	代换量 （me/百克土）	pH	物理黏粒 （<0.01 毫米）
0～10	13.5	7.5	0.58	0.16	24.4	5.1	53.4
10～28	5.0	0.6	0.6	0.19	21.7	6.0	50.3
28～48	3.3	0.76	0.76	0.21	23.1	7.3	51.4

（6）千枚岩质山地褐土：主要分布在蒲掌的钢里沟、白草凹、后窑的上窑头；历山镇的东河后河低山一带，面积 79 812 亩，占总普查面积的 3.57%，该土属因其土层厚度均小于 30 厘米，故仅划为 1 个土种，即薄层千枚岩质山地褐土（红黄立土）。

现将典型剖面描述如下：

0～1 厘米，草皮层。

1～19 厘米，灰黄褐，中壤，碎块，稍紧，润，根系多，石灰反应较强，有少量砾石侵入。

19～50 厘米，半风化层。

50 厘米以下，基岩层。

剖面理化性状见表 3 - 16。

上述 6 个土属，9 个土种，均为自然土壤，在利用改良上应严禁盲目垦殖，防止破坏自然植被而造成水土流失。要本着阴坡造林，阳坡放牧；远水造林，近水放牧的原则，进行林牧的综合规划。

表 3 - 16 薄层千枚岩质山地褐土理化性状

深　度 （厘米）	有机质 （克/千克）	全　氮 （克/千克）	全　磷 （克/千克）	CaCO$_3$ （%）	代换量 （me/百克土）	pH	物理黏粒 （<0.01 毫米）
0～1	草皮层						
1～19	15.7	0.87	0.60	5.6	21.4	8.3	32.0

（7）耕种沟淤山地褐土：该土零星分布在皋落、历山等乡（镇）的低山、沟壑底部，面积 2 250 亩，占总普查面积 0.1%；该土据土层薄厚及砾石含量划为 1 个土种，即中厚层少砾耕种沟淤山地褐土。

现将典型剖面描述如下:

0～21厘米,灰褐,中壤,碎块,疏松,湿润,根系多,石灰反应较弱,有5%左右的砾石侵入。

21～59厘米,深灰褐,中壤,碎块,疏松,湿润,根系中,弱石灰反应,有10%左右的砾石侵入。

59～87厘米,深灰褐,中壤,核块,稍紧,湿润,根系少,弱石灰反应,有少量砾石侵入。

87～121厘米,深灰褐,中壤,核块,稍紧,湿润,根系少,石灰反应弱。

121～150厘米,灰褐,中壤,棱块,紧实,润潮,石灰反应较弱。

剖面理化性状见表3-17。

表3-17 中厚层少砾耕种沟淤山地褐土理化性状

深 度 (厘米)	有机质 (克/千克)	全 氮 (克/千克)	全 磷 (克/千克)	CaCO₃ (%)	代换量 (me/百克土)	pH	物理黏粒 (<0.01毫米)
0～21	22.8	1.48	2.33	0.29	20.3	8.1	38.8
21～59	13.2	0.89	2.57	0.12	18.9	8.2	40.0
59～121	9.9	0.69	2.69	/	18.8	8.1	38.9
121～150	10.9	0.73	0.73	0.6	13.4	8.3	44.5

(8)耕种红黄土质山地褐土:主要分布在历山的南坡、椿树庄;长直的固垛、上涧村、皋落的前凹、毛家的胡家峪矿,南山村;解峪的南坪;新城的黑峪、胡家峪等地带,面积37 963亩,占总面积的1.77%。该土属据土层的厚度及砾石的含量划分为2个土种:

①中厚层耕种红黄土质山地褐土(二合红立黄土),面积30 126亩,占总普查面积的1.77%。

②少砾中厚层耕种红黄土质山地褐土(耕二合红立黄土),面积7 837亩,占总普查面积的0.35%。

以上2个土种除砾石含量不同外,其形态特征基本相似,现以少砾中厚层耕种红黄土状山地褐土为代表描述如下:

0～10厘米,红黄褐,重壤,碎块,疏松,润,根系多,石灰反应较强,有少砾侵入。

10～30厘米,红褐,重壤,块状结构,稍紧,润,根系多,石灰反应较强,有少量砾石侵入。

30～70厘米,红褐,重壤,块状结构,稍紧,有少量点状CaCO₃淀积,石灰反应较强,有少量砾石侵入。

70～110厘米,红褐,重壤,棱块,紧实,润,有少量点状CaCO₃淀积,根系少,有石灰反应,砾石含量15%左右。

110～150厘米,红褐,重壤,棱块,紧实,根系少,有石灰反应。

剖面理化性状见表3-18。

表 3-18　中厚层红黄土质山地褐土、少砾中厚层红黄土质山地褐土理化性状

深度 （厘米）	有机质 （克/千克）	全　氮 （克/千克）	全　磷 （克/千克）	CaCO₃ （%）	代换量 （me/百克土）	pH	物理黏粒 （<0.01毫米）
0～10	10.0	0.85	0.84	4.4	25.1	8.2	60.3
10～30	10.2	0.78	0.81	4.1	26.0	8.2	58.5
30～70	5.9	0.62	0.67	4.1	27.9	8.2	62.5
70～110	4.8	0.59	0.67	5.0	30.4	8.2	58.4
110～150	7.1	0.52	0.78	5.4	20.6	8.2	56.0

（9）耕种红黏土质山地褐土：该土零星分布在毛家湾的柴家沟、沟底；新城的前磨石沟、古堆等地带，面积 5 150 亩，占总普查面积的 0.23%；因其土层一样深厚，均在 30 厘米以上，故仅划为 1 个土种，即中厚层耕种红黏土质山地褐土（耕种大瓣红土）。

兹将典型剖面描述如下：

0～20 厘米，黄红，重壤，核粒，疏松，润，根系多，石灰反应较弱。

20～60 厘米，黄红，黏土，棱块，紧实，润，有少量铁锰胶膜，石灰反应微弱。

60～109 厘米，红棕，黏土，棱块，坚硬，润，有少量铁锰胶膜，石灰反应微弱。

109～150 厘米，棕红，黏土，棱块，坚硬，润，有少量铁锰胶膜，石灰反应微弱。

剖面理化性状见表 3-19。

表 3-19　中厚层耕种红黏土质山地褐土理化性状

深　度 （厘米）	有机质 （克/千克）	全　氮 （克/千克）	全　磷 （克/千克）	CaCO₃ （%）	代换量 （me/百克土）	pH	物理黏粒 （<0.01毫米）
0～20	3.8	0.81	0.70	0	31.0	8.0	58.0
20～60	2.3	0.48	0.73	0	25.6	8.1	59.6
60～109	1.9	0.42	0.40	0	26.9	8.1	

以上 3 个土属 4 个土种。目前均为农业利用，它们的共同点是土层深厚，质地较重，地势较平缓，养分自上而下呈递减趋势；全剖面石灰反应较弱，pH 为 8.5 左右，CaCO₃ 淀积不明显。

在利用改良上，应注意精耕细作，加深耕作层，充分挖掘其潜在肥力，并增施 N、P 肥，但对于＞25°的坡地，坚决退耕还林还牧，禁止开垦种植。

3. 粗骨性褐土　分布于本县王茅、古城、长直等乡（镇），面积 19 812 亩，占总普查面积的 0.89%；该土区植被稀疏，土训侵蚀严重，土体一般除极薄的表土外，无发生层次；土体上下砾石含量（占土壤剖面）50%～70%，县土质含量很低，有机质 0.5% 左右。

本县粗骨性褐土均发育在安山岩母质上，故该亚类仅划分为安山岩质粗骨性褐土一个土属。又因其土层均大于 30 厘米，故只包括 1 个土种，即中厚层安山岩质粗骨性褐土（白砂渣土）。

现将其典型剖面描述如下：

0～8 厘米，浅灰褐，中壤，碎块，疏松，稍润，根系多，石灰反应强烈，砾石含量 2% 左右。

8～30 厘米，浅灰褐，中壤，块状结构，疏松，稍润，根系中，石灰反应强烈，砾石含量 50% 左右。

30～79 厘米，黄褐，中壤，块状结构，稍紧，润，根系少，石灰反应较弱，砾石含量 60% 左右。

79～121 厘米，黄褐，中壤，块状结构，稍紧，润，根系少，石灰反应较弱，砾石含量 80% 左右。

121～150 厘米，黄褐，中壤，块状结构，紧实，润，石灰反应较弱，砾石含量 80% 左右。

剖面理化性状见表 3-20。

表 3-20　中厚层安山岩质粗骨性褐土理化性状

深度（厘米）	有机质（克/千克）	全氮（克/千克）	全磷（克/千克）	$CaCO_3$（%）	代换量（me/百克土）	pH	物理黏粒（<0.01毫米）
0～8	7.7	0.73	2.89	0.29	25.4	8.2	33.6
8～30	6.4	0.37	3.40	3.9	26.2	8.2	33.6
30～79	5.8	0.31	3.57	2.3	25.2	8.2	31.8
79～121	0	0.98	3.25	8.4	29.4	8.2	37.9

鉴于粗骨性褐土土少石多，侵蚀严重，植被覆盖度差，养分贫乏的特点，在利改上应注意控制水土流失，可适当栽种一些果木等经济作物。

4. 褐土性土　褐土性土属地带性土壤。它在形态上没有明显的发育特征，或发育特征不明显。其气候特点：气温稍高，降水量中等，（年均降水量 670 毫米左右），无霜期较长。该土广泛分布于全县各个乡（镇）的丘陵及缓坡地带，面积 451 146 亩，占总普查面积的 20.20%。其特征为：

a. 植被稀疏，以狗尾、蒿草、白茅、醋柳、酸枣等为主。

b. 受不同程度的侵蚀切割，地面支离破碎、千沟万壑。

c. 黏化层次不明显，母质特性明显。

d. 土体干旱，气热有余，水分不足。

e. 通体有石灰反应，呈微碱性。

f. 可见特殊土层，如红色条带，料姜层等。

该亚类按其不同的发育母质及耕种与否划分 7 个土属：

（1）耕种黄土状褐土性土：该土零星分布在古城、王茅等乡（镇）的丘陵下部及缓坡地带，面积 4 025 亩，占总普查面积的 0.18%；据其表层土壤质地及侵蚀程度划为 1 个土种，即轻壤轻蚀耕种黄土状褐土性土。

现将其典型剖面描述如下：

0～18 厘米，灰黄，轻壤，屑粒，疏松，润，根系多，石灰反应强烈，侵入体有蜗牛，料姜等。

18～62 厘米，浅黄褐，轻偏沙，粒块，稍紧，润，根系中，石灰反应强烈，有蜗牛、料姜等侵入。

62～100 厘米，浅黄褐，沙壤，粒块，稍紧，润，根系少，石灰反应强烈。

100～130 厘米，浅黄，沙壤，粒块，稍紧，润，根系少，石灰反应强烈。

130～150 厘米，黄褐，中壤，块状结构，稍紧，润，石灰反应强烈。

剖面理化性状见表 3-21。

表 3-21　轻壤轻蚀耕种黄土状褐土性土理化性状

深 度 （厘米）	有机质 （克/千克）	全 氮 （克/千克）	全 磷 （克/千克）	CaCO₃ （％）	代换量 （me/百克土）	pH	物理黏粒 （＜0.01 毫米）
0～18	5.7	3.7	0.91	9.0	8.3	8.4	15.4
18～62	4.3	0.35	0.86	9.3	8.2	8.4	14.2
62～100	3.0	0.31	0.8	9.2	8.1	8.5	13.1
100～130	1.7	0.38	0.8	8.7	8.2	8.5	14.1
130～150	2.8	0.23	0.85	7.1	8.4	8.5	44.3

（2）耕种黄土质褐土性土：主要分布在薄掌、古城、王茅、长直等乡（镇），面积 42 437 亩，占总普查面积的 1.90％。按其表层质地及侵蚀程度划为 1 个土种，即中壤轻蚀耕种黄土质褐土性土。

现将其典型剖面描述如下：

0～20 厘米，浅灰，中壤，屑粒，疏松，稍润，根系多，石灰反应强烈。

20～70 厘米，浅黄，中壤，块状结构，稍紧，润，根系中，石灰反应强烈。

70～97 厘米，黄褐，中壤，块状结构，稍紧，少量霜状 CaCO₃ 淀积，根系少，石灰反应较强。

97～131 厘米，黄褐，中壤，块状结构，紧实，润，少量霜状 CaCO₃ 淀积，石灰反应强烈。

剖面理化性状见表 3-22。

表 3-22　中壤轻蚀耕种黄土质褐土性土理化性状

深 度 （厘米）	有机质 （克/千克）	全 氮 （克/千克）	全 磷 （克/千克）	CaCO₃ （％）	代换量 （me/百克土）	pH	物理黏粒 （＜0.01 毫米）
0～20	7.8	0.54	1.02	8.3	13.7	8.2	40.9
20～70	6.0	0.46	0.99	10.1	13.0	8.2	45.0
70～97	4.7	0.63	1.08	8.4	13.3	8.2	42.9
97～131	5.0	0.66	1.08	6.5	14.2	8.3	42.0
131～150	4.3	0.28	0.71	25.9	15.1	8.4	47.1

以上 2 个土属 2 个土种，土层深厚，耕性良好，土壤容重尚可，但土体干旱，养分贫瘠，有水土流失现象，作物产量不高，一般 100 千克/亩左右；今后应在加强水土保持的同时，积极做好耙耱保墒及增施农家肥料等工作。

（3）耕种红黄土质褐土性土：主要分布在长直、新城、王茅、陈村等乡（镇），面积 8 075 亩，占总面积的 0.36％。据其表层质地及侵蚀程度划为 1 个土种，即中壤轻蚀耕种红黄土质褐土性土（耕红立黄土）。

其典型剖面采自新城古堆磨凹村，海拔为620米处，现描述如下：

0～20厘米，褐色，中壤，粒块，稍紧，稍润，根系多，弱石灰反应。

20～57厘米，黄褐，重壤，块状结构，紧实，润，根系中，弱石灰反应。

57～103厘米，红黄褐，中壤，块状结构，紧实，润，根系少，弱石灰反应。

103～150厘米，红黄褐，重壤，块状结构，紧实，润，弱石灰反应。

剖面理化性状见表3-23。

表 3-23　中壤轻蚀耕种红黄土质褐土性土理化性状

深　度 （厘米）	有机质 （克/千克）	全　氮 （克/千克）	全　磷 （克/千克）	CaCO₃ （%）	代换量 （me/百克土）	pH	物理黏粒 （<0.01毫米）
0～20	2.2	0.61	0.83	0.27	25.5	8.1	44.4
20～57	2.2	0.28	0.89	0.10	21.8	8.0	49.2
57～103	2.1	0.28	0.97	0.21	22.2	8.0	42.9
103～150	3.7	0.25	0.97	0.28	21.7	8.0	45.7

（4）耕种红黏土质褐土性土：主要分布在皋落、古城、蒲掌、毛家、历山、解峪等乡（镇），面积46 562亩，占总普查面积的2.09%。据其表土质地，侵蚀程度及料姜含量划为3个土种：

重壤轻蚀耕种红黏土质褐土性土，面积20 562亩，占总普查面积0.92%。

黏土累蚀耕种红黏土质褐土性土（耕大瓣红土），面积15 875亩，占总面积的0.71%。

以上2个土种除表层质地不同外，其形态特征相似，现以黏土轻蚀耕种红黏土质褐土性土为代表描述如下：

0～20厘米，红褐，黏土，粒块，稍松，润，根系较多，石灰反应较强。

20～40厘米，红褐，黏土，粒块，稍紧，润，有少量铁锰胶膜，弱石灰反应。

40～70厘米，红棕，黏土，棱块，紧实，润，有少量铁锰胶膜，根系少，弱石灰反应。

70～110厘米，红棕，黏土，棱块，紧实，润，多量铁锰胶膜，石灰反应微弱。

110～150厘米，红棕，黏土，棱块，紧实，润。

剖面理化性状见表3-24。

表 3-24　重壤轻蚀耕种红黏土质褐土性土、黏土质褐土性土理化性状

深　度 （厘米）	有机质 （克/千克）	全　氮 （克/千克）	全　磷 （克/千克）	CaCO₃ （%）	代换量 （me/百克土）	pH	物理黏粒 （<0.01毫米）
0～20	10.6	0.93	0.45	1.8	34.5	8.4	61.6
20～40	3.8	0.58	0.55	0.4	31.1	8.4	63.0
40～70	4.0	0.39	0.69	0.3	36.2	8.3	87.1
70～110	3.3	0.48	1.3	0.27	36.2	8.2	76.0
110～150	3.6	0.51	1.37	0.28	34.2	8.2	65.7

重壤轻蚀少料姜耕种红黏土质褐土性土（耕大瓣红土），面积10 125亩，占总普查面

积的 0.45%。典型剖面现描述如下：

0～18 厘米，红棕褐，重壤，粒块，疏松，润，根系多，石灰反应较强，料姜含量 10%左右。

18～48 厘米，红棕褐，重壤，粒块，稍紧，润，根系中，石灰反应较强，料姜含量 10%左右。

48～97 厘米，深红棕，轻黏，棱块，紧实，潮润，有少量铁锰胶膜，料姜 100%左右。

97～150 厘米，深红棕，黏土，棱块，紧实，潮湿，多量铁锰胶膜。

剖面理化性状见表 3-25。

表 3-25 重壤轻蚀少料姜耕种红黏土质褐土性土理化性状

深 度 (厘米)	有机质 (克/千克)	全 氮 (克/千克)	全 磷 (克/千克)	CaCO₃ (%)	代换量 (me/百克土)	pH	物理黏粒 (<0.01毫米)
0～18	9.7	0.73	0.51	7.8	26.5	8.3	55.9
18～48	12.5	0.54	0.53	8.5	26.4	8.2	56.4
48～97	4.5	0.49	0.55	1.1	26.9	8.2	60.2
97～150	3.7	0.38	0.36	7.9	27.1	7.9	60.2

（5）耕种红黄土状褐土性土：该土分布广泛，面积 404 972 亩，占总普查面积的 18.13%，按其表层质地、侵蚀程度，砾石含量、料姜含量及土体内的特殊土层划为 7 个土种：

①中壤轻蚀耕种红黄土状褐土性土（耕红立黄土）：面积 243 409 亩，占总普查面积的 10.90%。该土广泛分布于全县各乡（镇）的丘陵及发育不明显的缓坡地带。

现将典型剖面描述如下：

0～20 厘米，褐色，中壤，屑粒，稍紧，润，根系多，石灰反应强烈，有少数料姜侵入。

20～43 厘米，黄褐，中壤，块状结构，紧实，润，根系中，强石灰反应。

43～70 厘米，红黄褐，重壤偏轻，块状结构，紧实，润，根系少，强石灰反应。

70～110 厘米，红黄褐，重壤，块状结构，紧实，润，强石灰反应。

110～150 厘米，红黄褐，重壤，块状结构，紧实，润，强石灰反应。

剖面理化性状见表 3-26。

表 3-26 中壤轻蚀耕种红黄土状褐土性土理化性状

深 度 (厘米)	有机质 (克/千克)	全 氮 (克/千克)	全 磷 (克/千克)	CaCO₃ (%)	代换量 (me/百克土)	pH	物理黏粒 (<0.01毫米)
0～20	11.4	0.8	0.81	7.3	20.5	8.3	44.2
20～43	9.3	0.68	0.72	6.3	19.3	8.3	44.0
43～70	7.8	0.62	0.84	8.4	20.2	8.3	47.2
70～110	6.5	0.54	0.75	9.0	20.1	8.2	48.0
110～150	6.5	0.6	0.74	10.0	19.8	8.3	46.1

②中壤轻蚀深位古黏化层耕种红黄土状褐土性土：面积 5 337 亩，占总普查面积的 0.24%。该土主要分布在王茅的毛耳洼，陈村的北羊村一带。

其特征描述如下：

0～19 厘米，浅红褐，中壤，粒块，疏松，润，根系多，石灰反应强，少量料姜侵入。

19～68 厘米，浅红褐，重壤，块状结构，稍紧，润，根系中，石灰反应较强。

68～107 厘米，暗红褐，黏土，核块，紧实，润，多量 $CaCO_3$ 淀积，根系少，石灰反应较强。

107～150 厘米，暗红褐，黏土，棱块，紧实，润，多量 $CaCO_3$ 淀积，强石灰反应。

剖面理化性状见表 3-27。

表 3-27 中壤轻蚀深位古黏化层耕种红黄土状褐土性土理化性状

深度 （厘米）	有机质 （克/千克）	全氮 （克/千克）	全磷 （克/千克）	$CaCO_3$ （%）	代换量 （me/百克土）	pH	物理黏粒 （<0.01 毫米）
0～19	7.0	0.53	0.66	4.9	22.6	8.2	44.2
19～68	9.8	0.41	0.58	7.0	21.0	8.3	53.9
68～107	5.5	0.43	0.61	3.5	22.1	8.4	51.2
107～150	7.5	0.52	0.74	7.0	19.1	8.3	51.6

③重壤轻蚀耕种红黄土状褐土性土：面积 100 215 亩，占总普查面积 4.49%。该土广泛分布于全县各个乡（镇）。

典型剖面描述如下：

0～25 厘米，浅红褐，重壤，屑粒，疏松，润，根系多，石灰反应强烈，含有少量砾石。

25～78 厘米，浅红褐，重壤，块状结构，稍紧，润，根系中，石灰反应强烈。

78～115 厘米，红黄，块状结构，重壤，紧实，润，根系少，石灰反应强烈。有霜状 $CaCO_3$ 淀积。

115～150 厘米，红黄，轻黏，核块，紧实，润，有霜状 $CaCO_3$ 淀积，石灰反应较弱。

剖面理化性状见表 3-28。

表 3-28 重壤轻蚀耕种红黄土状褐土性土理化性状

深度 （厘米）	有机质 （克/千克）	全氮 （克/千克）	全磷 （克/千克）	$CaCO_3$ （%）	代换量 （me/百克土）	pH	物理黏粒 （<0.01 毫米）
0～25	8.4	0.65	0.74	4.8	16.5	8.4	56.2
25～78	7.9	0.56	0.71	3.2	23.2	8.3	56.3
78～115	6.8	0.41	0.50	4.5	22.3	8.4	58.5
115～150	3.3	0.38	0.45	9.8	25.5	8.3	62.9

④中壤轻蚀少砾耕种红黄土状褐土性土（二合红立黄土）：面积 4 212 亩，占总普查

面积的 0.20%。

⑤重壤轻蚀少砾耕种红黄土状褐土性土（耕红立黄土）：面积 7 392 亩，占总普查面积的 0.34%。

以上 2 个土种的形态特征基本相似，不同之处是表层质地相差一般，现以重壤轻蚀少砾耕种红黄土状褐土性土为代表描述如下：

0~19 厘米，黄红褐，重壤，屑粒，疏松，湿润，根系多，石灰反应强烈，砾石含量 5%~10%。

19~46 厘米，红黄，重壤，块状结构，坚实，潮润，根系少，强石灰反应，砾石含量 5%左右。

46~67 厘米，红黄，重壤，块状结构，坚实，润，根系少，强石灰反应，砾石含量 5%左右。

67~112 厘米，红黄，重壤，块状结构，坚实，润，根系少，强石灰反应，砾石含量 5%左右。

112~150 厘米，红黄，重壤，块状结构，紧实，润，石灰反应较强、砾石含量 5%左右。

剖面理化性状见表 3-29。

表 3-29　中壤轻蚀少砾、耕种红黄土状褐土性土、重壤轻蚀少砾耕种红黄土状褐土性土理化性状

深　度 （厘米）	有机质 （克/千克）	全　氮 （克/千克）	全　磷 （克/千克）	CaCO₃ （%）	代换量 （me/百克土）	pH	物理黏粒 （<0.01 毫米）
0~19	8.6	0.64	0.91	1.4	27.2	8.4	54.6
19~46	6.8	0.50	1.0	2.5	25.6	8.35	54.7
46~67	5.3	0.56	0.91	2.1	27.0	8.4	56.7
67~112	5.3	0.48	0.72	3.2	27.7	8.4	56.7
112~150	4.9	0.42	0.70	4.1	26.1	8.2	58.2

⑥中壤轻蚀深位中厚料姜层耕种红黄土状褐土性土（耕少姜红立黄土）：面积 38 437 亩，占总普查面积的 1.72%。该土主要分布在英言、古城、华峰、解峪、新城、王茅等乡（镇）。

⑦重壤轻蚀深位中厚砾石层耕种红黄土状褐土性土：主要分布在古城的赵家岭、英言的赵庄、新城的坡底一带，面积 6 000 亩，占总普查面积的 0.27%。

以上 2 个土种的形态特征基本相似，但都出现在 90 厘米以下。现以中壤轻蚀深位中厚料姜层红黄土状褐土性土为例，描述如下：

0~19 厘米，灰棕褐，中壤，屑粒，疏松，湿润，根系多，石灰反应强烈，料姜 50%。

19~57 厘米，红黄褐，重壤，块状结构，稍紧，湿润，根系中，有少量 CaCO₃ 淀积，石灰反应强烈，有 5%的料姜侵入。

57~87 厘米，红黄褐，重壤，块状结构，紧实，潮润，根系少，多量霜状 CaCO₃ 淀积，石灰反应强烈，料姜含量 5%左右。

87～110 厘米，红黄褐，重壤，块状结构，紧实，润，根系少，多量霜状 $CaCO_3$ 淀积，料姜含量 5% 左右。

110 厘米以下料姜层。

剖面理化性状见表 3-30。

表 3-30　中壤轻蚀深位中厚料姜层耕种红黄土状褐土性土、
重壤轻蚀深位中厚砾石层耕中红黄土状褐土性土理化性状

深　度 （厘米）	有机质 （克/千克）	全　氮 （克/千克）	全　磷 （克/千克）	CaCO₃ （%）	代换量 （me/百克土）	pH	物理黏粒 （<0.01 毫米）
0～19	9.2	0.68	0.39	8.07	20.1	8.4	44.8
19～57	2.7	0.43	0.71	5.2	22.7	8.3	51.2
57～87	3.2	0.31	0.69	20.4	14.1	8.4	50.7
87～110	1.9	0.21	0.81	20.2	13.6	8.5	44.6

以上 3 个土属，11 个土种的共同点是土质黏重；有水土流失现象；活土层较浅，土壤肥力较差；在改良利用上应注意修筑梯田，打坝造地，并在地埂上种树种草，防止水土流失，同时要用深翻的方法打破犁底层，加厚活土层。用增施农家肥和种植绿肥的方法，提高其土壤肥力；但对于个别坡度＞25°的地块要退耕还林还牧，禁止继续开垦种植。

（6）红黄土质褐土性土：该土在王茅、长直、华峰、历山、英言、古城等乡（镇）均有分布，面积 87 512 亩，占总普查面积 3.92%；据表层质地，侵蚀程度及障碍层次，将其划分为 3 个土种：

①中壤中蚀红黄土质褐土性土：面积 35 825 亩，占总普查面积的 1.60%。

②重壤中蚀红黄土质褐土性土：面积 49 625 亩，占总普查面积的 2.22%。

以上 2 个土种除表土质地不尽相同外，其形态特征基本相似，现以重壤中蚀红黄土质褐土性土为例，描述如下：

0～23 厘米，浅红褐，重壤，核状，稍紧，稍润，弱石灰反应，根系多量。

23～63 厘米，红褐，重壤，棱块，紧实，润，根系中，弱石灰反应。

63～103 厘米，黄红棕，轻黏，棱块，坚实，潮润，弱石灰反应。

103～105 厘米，黄红棕，黏土，棱块，坚实，潮润，弱石灰反应。

剖面理化性状见表 3-31。

表 3-31　中壤中蚀红黄土质褐土性土、重壤中蚀红黄土质褐土性土理化性状

深　度 （厘米）	有机质 （克/千克）	全　氮 （克/千克）	全　磷 （克/千克）	CaCO₃ （%）	代换量 （me/百克土）	pH	物理黏粒 （<0.01 毫米）
0～23	3.7	0.38	0.68	0.42	32.3	8.2	45.7
23～63	2.4	0.28	0.67	0.47	29.9	8.2	54.1
63～103	2.7	0.78	0.67	0.74	34.0	8.2	54.0
103～150	2.3	0.40	0.64	0.21	23.2	8.0	58.2

③中壤中蚀浅位中厚料姜层红黄土质褐土性土（耕少姜红立黄土）：面积 2 092 亩，

占总普查面积的 0.092％。主要分布在王茅的复兴，长直的侯家庄等村庄。

0～10 厘米，灰褐，中壤，粒块，稍紧，润，根系多，强石灰反应。

10～27 厘米，浅红褐，重壤，块状结构，坚实，润，根系少，强石灰反应。

27 厘米以下，料姜层。

剖面理化性状见表 3-32。

表 3-32　中壤中蚀浅位中厚料姜层红黄土质褐土性土理化性状

深 度 （厘米）	有机质 （克/千克）	全 氮 （克/千克）	全 磷 （克/千克）	CaCO₃ （％）	代换量 （me/百克土）	pH	物理黏粒 （＜0.01毫米）
0～10	6.0	0.27	0.99	8.4	15.8	10.2	43.1
10～27	3.5	0.84	0.76	8.5	21.8	11.7	49.7

本土大多分布在离村较远，交通不便的丘陵地带，土壤侵蚀较严重，加之土质黏重，养分含量极低，有些土壤障碍层严重；故均非为农用。在利用改良上应注意营造好水保林草，加强水土保持，改造自然气候条件。

（7）耕种沟淤褐土性土：该土主要分布在长直、皋落、王茅等乡（镇）的沟谷底部一带，面积 3 737 亩，占总普查面积的 0.17％；该土只包括 1 个土种，即耕种沟淤褐土性土（耕红立黄土）。

现将典型剖面描述如下：

0～20 厘米，红黄褐，中壤，屑粒，疏松，润，根系较多，石灰反应强烈，沙砾含量 5％左右。

20～51 厘米，红黄褐，中壤，块状，稍紧，润，根系中，石灰反应强烈，沙砾含量 5％左右。

51～89 厘米，浅红褐，中壤，块状结构，稍紧，润，根系少，石灰反应强烈，沙砾含量 5％左右。

89～123 厘米，浅红黄，轻壤，片状，稍紧，润，石灰反应强烈。

123～150 厘米，浅褐，沙壤，片状，稍紧，润，石灰反应强烈。

剖面理化性状见表 3-33。

表 3-33　耕种沟淤褐土性土理化性状

深 度 （厘米）	有机质 （克/千克）	全 氮 （克/千克）	全 磷 （克/千克）	CaCO₃ （％）	代换量 （me/百克土）	pH	物理黏粒 （＜0.01毫米）
0～20	4.7	0.40	0.67	8.7	—	8.3	51.5
20～51	5.4	0.38	0.62	7.5	18.3	8.3	44.8
51～89	4.3	0.38	—	8.7	20.8	8.4	45.0
89～123	4.1	0.30	0.60	6.9	18.0	8.4	—
123～150	3.0	0.29	0.58	5.0	16.8	8.5	—

耕种沟淤褐土性土，虽为目前较好的农业土壤，但因成土时间较短，熟化程度较差，养分含量尚低，而且易受山洪威胁；今后应注意修筑台田，坚固沟坝，配置排洪设施，同

时要精耕细作，加强土壤的培肥熟化工作，将其建成高产稳产农田。

5. 碳酸盐褐土　碳酸盐褐土主要分布在本县河流两岸二级阶地及部分垣坪地带。该土所处地势较低平，侵蚀轻微，生物作用强烈，较褐土性土发育层次明显，淋溶作用微弱，在心土层附近出现一层浅红褐色重壤质地的黏化或弱黏化层。剖面中下部有白色假菌丝体出现，全剖面呈微碱性反应。该土是本县较古老的耕作土壤之一，也是本县重要的粮棉基地。面积 59 729 亩，占总普查面积的 2.97%。

该亚类依土壤母质及耕种与否，划分为 3 个土属。

（1）耕种红黄土状碳酸盐褐土：该土主要分布在古城镇允岭、胡村，华峰乡的华峰村，蒲掌乡的西阳村，王茅镇的上亳村，王茅村，长直乡的鲁家坡等地带。

据表层质地将其划为 1 个土种，即中壤耕种红黄土状碳酸盐褐土（二合浅黏红黄垆土）

现将其理化性状描述如下：

0～20 厘米，浅灰，黄中壤，屑粒，疏松，稍润，根系多，石灰反应强烈。

20～59 厘米，浅灰黄，中壤，块状结构，稍紧，润，根系中，石灰反应强烈。

59～107 厘米，浅红黄，中壤，块状结构，紧实，润，有霜状 $CaCO_3$ 淀积，根系少，石灰反应强烈。

107～150 厘米，浅红黄，重壤，块状结构，紧实，润，有霜状 $CaCO_3$ 淀积、石灰反应强烈。

剖面理化性状见表 3-34。

表 3-34　中壤耕种红黄土状碳酸盐褐土理化性状

深 度 （厘米）	有机质 （克/千克）	全 氮 （克/千克）	全 磷 （克/千克）	$CaCO_3$ （%）	代换量 （me/百克土）	pH	物理黏粒 （<0.01 毫米）
0～20	8.0	0.60	0.75	3.8	17.7	8.4	45.0
20～59	6.3	0.56	0.74	4.1	18.5	8.3	43.7
59～107	5.2	0.56	0.74	4.6	20.7	8.3	43.9
107～150	4.2	0.46	0.71	4.0	17.8	8.3	49.1

（2）耕种黄土状碳酸盐褐土：该土主要分布在古城镇的古城村及本县河流两岸地带，面积 18 287 亩，占总普查面积的 0.82%。

该土据其特殊土层的厚度，划为 1 个土种，即中壤浅位厚黏化层耕种黄土状碳酸盐褐土（二合浅黏红黄垆土）。

现将其典型剖面描述如下：

0～20 厘米，浅灰褐，中壤，屑粒，疏松，润，根系多，石灰反应强烈。

20～80 厘米，浅红褐，重壤，块状结构，紧实，润，有丝状 $CaCO_3$ 淀积，根系较少，石灰反应强烈。

80～115 厘米，浅红褐，黏土，棱块，紧实，潮润，有丝状 $CaCO_3$ 淀积，根系少，强石灰反应。

115～150 厘米，浅红褐，重壤，块状结构，紧实，湿润，有少量 $CaCO_3$ 淀积，强石灰反应。

剖面理化性状见表 3 - 35。

表 3 - 35　中壤浅位厚黏化层耕种黄土状碳酸盐褐土理化性状

深度 (厘米)	有机质 (克/千克)	全氮 (克/千克)	全磷 (克/千克)	CaCO₃ (%)	代换量 (me/百克土)	pH	物理黏粒 (<0.01毫米)
0～20	13.4	0.79	1.61	0.8	33.1	8.3	4.0
20～80	8.6	0.61	1.42	0.26	19.6	8.3	8.1
80～115	6.0	0.55	0.58	0.4	29.9	8.3	1.9
115～150	9.1	0.55	0.74	10.2	24.7	8.4	2.3

该土区地势较平坦，适种作物广泛，一般一年两作，但目前由于水利设施不配套，保浇程度不高，养分含量尚低；今后在改良利用上应积极进行水利建设，地势较高的可以兴建提水站，同时加强园田化建设，氮、磷配施，增施农家肥，进一步提高作物产量。

（3）耕种人工堆垫碳酸盐褐土：主要分布在本县各河流两岸，面积 6 275 亩，占总普查面积的 0.28%。该土属按其砾石含量划为一个土种，即少砾耕种人工堆垫碳酸盐褐土。

现将其理化性状描述如下：

0～18 厘米，灰褐，中壤，粒块，疏松，润，根系多，石灰反应强烈，砾石料姜含量 10% 左右。

18～35 厘米，浅灰褐，中壤，块状结构，稍紧，潮润，根系中，石灰反应强烈，砾石料姜含量 10% 左右。

35～60 厘米，浅灰红，重壤，块状结构，稍紧，潮润，根系少，石灰反应强烈。

60 厘米以下，卵石层。

剖面理化性状见表 3 - 36。

表 3 - 36　少砾耕种人工堆垫碳酸盐褐土理化性状

深度 (厘米)	有机质 (克/千克)	全氮 (克/千克)	全磷 (克/千克)	CaCO₃ (%)	代换量 (me/百克土)	pH	物理黏粒 (<0.01毫米)
0～18	18.9	0.48	1.37	13.2	14.8	8.6	37.5
18～35	14.5	0.29	2.27	18.1	14.4	8.6	41.7
35～60	10.6	0.56	1.02	17.7	15.1	8.6	47.0

该土由于成土时间较短，土壤养分较低，耕作层结构尚不合理，有漏水漏肥现象，今后在改良利用上应采取多施农家肥、间作豆科作物等措施，提高其肥力水平。

（四）草甸土

主要分布于本县亳清河、允西河、西阳河两岸及黄河北岸的河漫滩及一级阶地上。是受生物气候影响较小的一种隐域性土壤；面积 60 050 亩，占总普查面积的 2.6%；目前均已被开垦种植。该土按其附加成土过程分为两个亚类，现分述如下：

1. 浅色草甸土　浅色草甸土是发育于近代河流冲积、淤积物上的隐域性土壤，由于所处部位低，地下水位浅（一般 1～2.5 厘米），加之地下水随季节变化、上下活动频繁，使底土长期处于氧化还原的交替过程中，其特点可概括为：

a. 植被以喜湿性芦草、荆三棱、八字蓼、水稗、委陵菜、苍耳、鬼针、马鞭草、爬地龙、沙蓬、狗尾、灰菜等为主。

b. 土壤质地层次明显，沙黏相间。

c. 土体湿润，心土草甸化过程明显，有锈纹锈斑。

该土因均已开垦种植，故仅划为1个土属，即：耕种浅色草甸土，面积25 550亩，占总普查面积的1.14%。

又据其表层质地及间层类型划为4个土种：

（1）砂壤耕种浅色草甸土：面积15 176亩，占总普查面积的0.68%。

现将其典型剖面描述如下：

0~20厘米，浅灰褐，沙壤，粒块，疏松，润，根系多，石灰反应强烈。

20~69厘米，灰褐，沙壤，粒块，疏松，润，根系中，石灰反应强烈。

69~105厘米，灰褐，沙壤，粒状，稍紧，润，锈纹锈斑少，石灰反应强烈。

105~150厘米，沙土，单粒，稍紧，润，石灰反应强烈。

剖面理化性状见表3-37。

表3-37 沙壤耕种浅色草甸土理化性状

深　度 （厘米）	有机质 （克/千克）	全　氮 （克/千克）	全　磷 （克/千克）	CaCO₃ （%）	代换量 （me/百克土）	pH	物理黏粒 （<0.01毫米）
0~20	7.2	0.4	0.4	6.5	11.1	8.6	3.5
20~69	2.9	0.16	1.05	6.5	5.5	8.7	1.5
69~105	2.6	0.16	0.63	6.8	6.0	8.7	0.5
105~150	2.3	0.19	0.63	5.3	25.3	8.7	0.2

（2）中壤腰沙壤耕种浅色草甸土：面积1 400亩，占总普查面积0.063%。

（3）中壤底沙卵石层耕种浅色草甸土：面积3 175亩，占总普查面积0.14%。

（4）轻壤底沙卵石层耕种浅色草甸土：面积5 800亩，占总普查面积0.26%。

以上3个土种除表层质地及沙卵石层分布位置不同外，其形态特征基本相似，现以47号土种为代表描述如下：

0~18厘米，浅灰褐，中壤，屑粒，疏松，润，根系多，强石灰反应。

18~36厘米，灰褐，中壤，粒块，稍紧，湿润，根系中，强石灰反应。

36~50厘米，灰褐，沙壤，疏松，湿润，锈纹锈斑少，石灰反应强。

50~60厘米。灰褐，轻壤，块状，稍紧，湿润，锈纹锈斑少、强石灰反应。

剖面理化性状见表3-38。

表3-38 中壤腰沙壤耕种浅色草甸土、中壤底沙卵石层耕种浅色草甸土、
轻壤底沙卵石层耕种浅色草甸土理化性状

深　度 （厘米）	有机质 （克/千克）	全　氮 （克/千克）	全　磷 （克/千克）	CaCO₃ （%）	代换量 （me/百克土）	pH	物理黏粒 （<0.01毫米）
0~18	6.9	0.44	0.15	8.2	14.5	8.6	41.2
18~36	6.9	0.47	0.88	3.8	25.6	8.6	—
36~50	2.3	—	0.87	8.8	15.7	8.7	20.0

浅色草甸土水源充足，地势较平坦，宜于耕作，但总的来讲，土壤肥力不高、保水保肥能力差，有漏水漏肥现象，加之本县特定的地理环境，往往由于山洪暴发，遭泥沙掩埋，因而作物产量一般不高。今后在改良利用上应多施农家肥、引洪灌溉或客土法，改善耕作层的结构，提高土壤肥力，也可针对性地采取造林、修蓄水池、截洪沟等措施，以拉截地表径流，防止土壤冲刷和沙淤，使其逐渐培育为高产稳产田。

2. 褐化浅色草甸土 褐化浅色草甸土是地下水位下降、草甸土向褐土过渡的一种土壤类型。分布在本县河流两岸一级阶地向二级阶地过渡的地带，面积较小，全县 34 500 亩，占总普查面积的 1.54%。其主要特征：

a. 土层深厚，质地中壤为主。

b. 地下水位逐渐下降，一般为 3～5 厘米。

c. 底土草甸化过程不明显，逐渐向褐土方向过渡，锈纹锈斑不明显。

d. 自然植被以青蒿、白苣菜、爬地龙、角蒿、苦苣、虎尾、灰菜等为主。

本亚类只包括 1 个土属，即耕种褐化浅色草甸土。

又据其表层质地，划为 1 个土种，即耕种褐化浅色草甸土。

现将其典型剖面描述如下：剖面采自长直前青大队南苍海拔为 405 米的高一级阶地上。

0～20 厘米，灰褐，中壤，屑粒，疏松，润，根系多，石灰反应强烈。

20～61 厘米，灰褐，中壤，块状结构，稍紧，润，根系中，石灰反应强烈。

61～99 厘米，浅灰褐，中壤，块状结构，稍紧，潮润，根系少，石灰反应强烈。

99～121 厘米，浅灰褐，中壤，块状结构，紧实，潮润，石灰反应强烈。

121～150 厘米，黄褐，中壤，块状结构，紧实，石灰反应强烈。

剖面理化性状见表 3-39。

表 3-39 中壤耕种褐化浅色草甸土理化性状

深 度 （厘米）	有机质 （克/千克）	全 氮 （克/千克）	全 磷 （克/千克）	CaCO₃ （%）	代换量 （me/百克土）	pH	物理黏粒 （<0.01 毫米）
0～20	8.8	0.53	1.18	9.0	15.1	8.5	38.7
20～61	11.1	0.72	0.97	5.6	16.7	—	41.8
61～99	5.0	0.55	0.97	5.9	15.0	8.3	42.8
99～121	5.6	0.55	0.84	5.3	15.2	8.3	39.7
121～150	5.2	0.46	0.97	4.9	15.4	8.3	39.7

褐化浅色草甸土为较好的农业土壤，应进一步提高其园田化水平，建成高产稳产的基本农田。

第二节　有机质及大量元素

土壤大量元素背景值的表达方式以各统计单元养分汇总结果的算术平均值和标准差来表示，分别以单体 N、P、K 表示。表示单位：有机质、全氮用克/千克表示，有效磷、速效钾、缓效钾用毫克/千克表示。

垣曲县耕地土壤养分经过 3 600 样点测定，养分状况见表 3 - 40。

表 3 - 40　垣曲县耕地土壤属性总体统计结果

项目名称	点位数（个）	平均值	最大值	最小值
pH	3 600	8.1	8.5	7.2
有机质（克/千克）	3 600	15.99	34.4	3.9
全氮（克/千克）	1 003	0.84	1.58	0.2
碱解氮（毫克/千克）	3 572	65.86	144.5	11.8
有效磷（毫克/千克）	3 600	9.99	41.4	1.6
速效钾（毫克/千克）	3 600	157.71	334	49
有效铜（毫克/千克）	1 281	1.92	8.55	0.27
有效锌（毫克/千克）	1 273	1.42	16.4	0.11
有效铁（毫克/千克）	1 287	6.91	15.5	0.8
有效锰（毫克/千克）	1 308	12.45	155.4	4.1
有效硼（毫克/千克）	1 308	0.41	1.25	0.06
有效硫（毫克/千克）	363	35.56	105.6	0.3

土壤有机质、全氮、有效磷、速效钾等以《山西省耕地土壤养分含量分级参数表》为标准各分 6 个级别，见表 3 - 41。

表 3 - 41　山西省耕地地力土壤养分耕地标准

级别	I	II	III	IV	V	VI
有机质（克/千克）	>25.00	20.01~25.00	15.01~20.00	10.01~15.00	5.01~10.00	≤5.00
全氮（克/千克）	>1.50	1.201~1.50	1.001~1.200	0.701~1.000	0.501~0.700	≤0.50
有效磷（毫克/千克）	>25.00	20.01~25.00	15.1~20.0	10.1~15.0	5.1~10.0	≤5.0
速效钾（毫克/千克）	>250	201~250	151~200	101~150	51~100	≤50
缓效钾（毫克/千克）	>1 200	901~1200	601~900	351~600	151~350	≤150
阳离子代换量（厘摩尔/千克）	>20.00	15.01~20.00	12.01~15.00	10.01~12.00	8.01~10.00	≤8.00
有效铜（毫克/千克）	>2.00	1.51~2.00	1.01~1.51	0.51~1.00	0.21~0.50	≤0.20
有效锰（毫克/千克）	>30.00	20.01~30.00	15.01~20.00	5.01~15.00	1.01~5.00	≤1.00
有效锌（毫克/千克）	>3.00	1.51~3.00	1.01~1.50	0.51~1.00	0.31~0.50	≤0.30
有效铁（毫克/千克）	>20.00	15.01~20.00	10.01~15.00	5.01~10.00	2.51~5.00	≤2.50
有效硼（毫克/千克）	>2.00	1.51~2.00	1.01~1.50	0.51~1.00	0.21~0.50	≤0.20
有效钼（毫克/千克）	>0.30	0.26~0.30	0.21~0.25	0.16~0.20	0.11~0.15	≤0.10
有效硫（毫克/千克）	>200.00	100.1~200	50.1~100.0	25.1~50.0	12.1~25.0	≤12.0
有效硅（毫克/千克）	>250.0	200.1~250.0	150.1~200.0	100.1~150.0	50.1~100.0	≤50.0
交换性钙（克/千克）	>15.00	10.01~15.00	5.01~10.0	1.01~5.00	0.51~1.00	≤0.50
交换性镁（克/千克）	>1.00	0.76~1.00	0.51~0.75	0.31~0.50	0.06~0.30	≤0.05

一、含量与分布

（一）有机质

垣曲县耕地土壤有机质含量变化为 8.32～32.59 克/千克，平均值为 15.99 克/千克，属三级水平。见表 3-42。

（1）不同行政区域：新城镇平均值最高，为 20.14 克/千克；其次是历山镇，平均值为 19.38 克/千克；最低是长直乡，平均值为 14.33 克/千克。

（2）不同地形部位：河流冲积平原边缘地带平均值最高，为 20.4 克/千克；其次低山丘陵坡地，平均值为 18.29 克/千克；最低是河流一级、二级阶地，平均值为 15.35 克/千克。

（3）不同母质：洪积物平均值最高，为 17.54 克/千克；其次是残积物，平均值为 17.11 克/千克；最低是冲积物，平均值为 14.28 克/千克。

（4）不同土壤类型：红土质最高，平均值为 30.43 克/千克；淤沟褐土最低，平均值为 14.13 克/千克。

（二）全氮

垣曲县土壤全氮含量变化范围为 0.2～1.58 克/千克，平均值为 0.84 克/千克，属四级水平。见表 3-42。

（1）不同行政区域：新城镇平均值最高，为 1.18 克/千克；其次是化峪镇，平均值均为 1.07 克/千克；最低是太阳乡，平均值为 0.89 克/千克。

（2）不同地形部位：河流冲积平原的边缘地带平均值最高，为 1.02 克/千克；最低是河流冲积平原的河漫滩，平均值为 0.82 克/千克。

（3）不同母质：洪积物平均值最高，为 0.95 克/千克；其次是石灰性砾质洪积物，平均值为 0.89 克/千克；最低是离石黄土，平均值为 0.83 克/千克。

（4）不同土壤类型：红黄淋土最高，平均值为 0.98 克/千克；最低是硅质棕土，平均值为 0.78 克/千克。

（三）有效磷

垣曲县有效磷含量变化范围为 1.6～41.4 毫克/千克，平均值为 9.99 毫克/千克，属四级水平。见表 3-42。

（1）不同行政区域：新城镇平均值最高，为 12.24 毫克/千克；其次是毛家镇，平均值为 11.43 毫克/千克；最低是华峰乡，平均值为 8.58 毫克/千克。

（2）不同地形部位：低山丘陵坡地平均值最高，为 12.47 毫克/千克；其次是河流冲积平原河漫滩，平均值为 11.04 毫克/千克；最低是河流冲积平原的边缘地带，平均值为 9.53 毫克/千克。

（3）不同母质：最高是石灰性砾质洪积物母质，平均值为 11.38 毫克/千克；其次是残积物，平均值为 11.15 毫克/千克；最低是冲积物，平均值为 9.21 毫克/千克。

（4）不同土壤类型：红黄土质淋土平均值最高，为 22.19 毫克/千克；其次是红黄淋土，平均值为 16.37 毫克/千克；最低是沟淤土，平均值为 8.49 毫克/千克。

（四）速效钾

垣曲县土壤速效钾含量变化范围为49～334毫克/千克，平均值为157.71毫克/千克，属三级水平。见表3-42。

（1）不同行政区域：王茅镇最高，平均值为176.57毫克/千克；其次是解峪乡，平均值为175.37毫克/千克；最低是皋落乡，平均值为146.53毫克/千克。

（2）不同地形部位：河流冲积平原边缘地带平均值最高，为183.81毫克/千克；其次是低山丘陵坡地，平均值为164.16毫克/千克；最低是河流冲积平原河漫滩，平均值为148.97毫克/千克。

（3）不同母质：最高为残积物母质，平均值为175.48毫克/千克；其次是石灰性砾质洪积物，平均值为169.68毫克/千克；最低是冲积物，平均值为142.56毫克/千克。

（4）不同土壤类型：红黄土质淋土最高，平均值为185.62毫克/千克；其次是砾灰泥质立黄土，平均值为179.00毫克/千克；最低是深黏潮黄土，平均值为121.69毫克/千克。

表3-42　垣曲县大田土壤大量元素分类统计结果

类　别		有机质（克/千克）		全　氮（克/千克）		有效磷（毫克/千克）		速效钾（毫克/千克）	
		平均值	区域值	平均值	区域值	平均值	区域值	平均值	区域值
行政区域	新城镇	20.14	1～30	0.94	0.2～1.5	12.24	2～30	168.15	50～300
	历山镇	19.38	5～40	0.86	0.2～1.5	11.30	2～30	174.09	50～400
	古城镇	14.83	5～25	0.9	0.2～1.5	10.31	2～30	153.24	50～300
	王茅镇	17.01	5～25	0.83	0.2～1.5	9.65	2～30	176.57	50～30
	毛家镇	17.64	5～35	0.9	0.2～1.5	11.43	2～30	157.83	50～30
	蒲掌乡	17.22	5～35	0.85	0.2～1.5	10.48	2～30	147.72	50～30
	英言乡	15.55	5～35	0.83	0.2～2.0	9.25	2～30	153.48	50～30
	解峪乡	15.04	5～35	0.80	0.2～1.5	11.00	2～30	175.34	50～300
	华峰乡	15.29	5～30	0.79	0.2～1.5	8.58	2～30	153.73	50～300
	长直乡	14.33	5～30	0.73	0.2～1.5	8.82	2～30	161.40	50～300
	皋落乡	16.01	5～30	0.83	0.2～1.5	9.31	2～30	146.53	50～300
土壤类型	薄砾灰泥质立黄土	15.38	5～30	0.85	0.2～3	11.76	1～50	168.55	50～300
	耕砾石泥质立黄土	16.90	50～30	0.86	0.5～1	9.29	6～13	145.68	86～187
	白沙渣土	17.14	10～26	0.90	0.6～1.5	10.48	5～15	157.74	94～241
	薄硅铝质淋土	20.09	12～31	0.97	0.2～1.5	03.05	8～27	156.23	100～27.4
	薄硅质淋土	17.00	12～22	0.86	0.5～1.2	10.79	6～5	157.54	104～2001
	薄沙泥质立黄土	16.53	11～25	0.85	0.5～1.2	11.31	6.09～19	161.06	127.14～278
	薄沙泥质淋土	19.04	15～23	0.88	0.5～1.2	13.25	9～17	156.26	130.4～186.94
	薄沙泥质棕土	17.79	17～19	0.95	0.7～1.1	10.52	9～12	138.57	117.34～143.47
	薄沙渣土	18.74	12～27	0.92	0.6～1.3	11.40	7～19	161.83	92.05～217.34
	耕二合红立黄土	15.90	10～24	0.85	0.6～1.4	9.57	4～15	160.24	92.05～227.14
	耕二合立黄土	15.61	10～25	0.83	0.6～1.2	9.40	4～17	156.89	82.12～230.40
	耕红黄淋土	23.61	16～32	0.83	0.5～1.4	13.65	6～31	189.52	82.12～230.40

（续）

类 别		有机质 （克/千克）		全 氮 （克/千克）		有效磷 （毫克/千克）		速效钾 （毫克/千克）	
		平均值	区域值	平均值	区域值	平均值	区域值	平均值	区域值
土壤类型	耕红立黄土	18.05	12～24	0.89	0.7～1.1	11.78	4.5～16	154.20	136.94～210.80
	耕立黄土	15.29	8～23	0.89	0.4～1.3	9.84	5～15	160.55	132.87～200.00
	耕少姜立黄土	15.18	10～24	0.85	0.4～1.2	9.12	5～18	150.14	86.09～207.53
	耕卧黄土	16.31	12～21	0.80	0.4～1.3	10.03	6.5～17	162.31	107.53～214.07
	耕小瓣红土	16.55	9～25	0.83	0.6～1	10.08	4～17	160.40	123.87～230.40
	沟淤土	14.13	11～21	0.86	0.5～1.2	8.49	6～14	154.90	114.07～270.13
	硅质棕土	14.17	12～22	0.80	0.6～1.2	12.06	10～18	161.07	120.60～177.14
	红黄淋土	24.31	27～32	0.78	0.5～1	16.37	9～25.5	166.71	157.53～173.87
	红黄土质淋土	30.43	28～31	0.98	0.8～1	22.19	13～24	185.62	130.40～266.30
	红立黄土	15.38	23～33	0.98	0.9～1.2	9.08	4～23	161.20	96.03～217.34
	砾灰泥质立黄土	17.82	10～26	0.84	0.5～1.4	11.32	7～16	179.00	14.37～207.53
	绵潮土	17.47	12～24	0.88	0.6～1.1	10.63	5～17	164.64	92.05～220.60
	浅黏黄垆土	17.17	10～24	0.90	0.7～1.1	9.84	6～17	169.22	104.27～220.60
	砂泥质立黄土	17.57	14～22	0.89	0.7～1.1	10.92	4～15.5	153.96	114.07～183.67
	深黏潮黄土	16.67	5～30	0.83	0.7～1	13.46	10～15	121.69	110.80～127.14
	深黏黄垆土	16.49	5～30	0.86	0.8～0.7	9.91	5～21	155.30	96.03～196.7
地形部位	低山丘陵坡地	18.29	5～35	0.87	0.2～3	12.47	2～35	164.16	50～300
	河流冲积平原边缘地带	20.41	15～22	1.02	06～1.2	9.53	4～13	183.81	120～280
	河流冲积平原河漫滩	16.53	9～20	0.82	0.4～1	11.04	4～17	148.97	100～220
	河流一级、二级阶地	15.35	9～23	0.87	0.4～1.2	10.29	4～18	155.76	90～230
	黄土垣、梁	16.64	9.5～24	0.85	0.5～1.2	9.69	4～22	155.67	825～220
	山地丘陵中下部缓坡	16.06	7～26	0.85	0.3～1.4	9.63	3～23	159.57	80～250
土壤母质	残积物	17.11	5～35	0.87	0.5～1.5	11.15	7～20	175.48	130～240
	洪积物	17.54	10～22	0.95	0.5～1.5	10.29	5～17	169.47	120～200
	石灰性砾质洪积物	15.61	9～25	0.89	0.5～1.5	11.38	6～22	169.68	120～220
	黄土土母质	16.64	90～32	0.86	0.3～1.8	9.97	4～35	156.94	80～250
	沙质黄土土母质	16.41	10～32	0.87	0.3～2	10.73	5～30	156.99	100～280
	离石黄土	16.78	9～25	0.83	0.5～2	9.76	5～25	159.06	110～250
	马兰黄土	16.19	8～26	0.85	0.4～1.9	9.73	3～25	160.65	70～270
	红土母质	15.51	10～35	0.86	0.6～2.5	10.64	5～26	152.64	100～290
	冲积物	14.28	10～25	0.84	0.5～1.5	9.21	4～5	142.56	80～220

二、分级论述

垣曲县耕地土壤大量元素分级面积见表 3-43。

表 3-43　垣曲县耕地土壤大量元素分级面积

类别		I		II		III		IV		V		VI	
		百分比(%)	面积(亩)	百分比(%)	面积(亩)	百分比(%)	面积(亩)	百分比(%)	面积(亩)	百分比(%)	面积(亩)	百分比(%)	面积(亩)
耕地土壤	有机质	0.6	2 303.17	8.7	34 246.81	53	210 683.88	37	145 505.8	0.4	1 749.34	0	0
	全氮	0	0	0.5	2 152.24	9.8	38 739.25	74	291 491.43	16	61 798.73	0.07	307.35
	有效磷	0.06	267.74	0.4	1 603.18	1.7	6 810.64	42	166 037.72	55	218 911.57	0.21	858.15
	速效钾	0.05	217.64	4.7	18 676.8	59	231 756.76	36	142 721.63	0.03	116.17	—	

（一）有机质

I 级　有机质含量为 25.0 克/千克以上，面积为 2 303.17 亩，占耕地面积 0.006％。主要分布于历山镇山区、西部毛家镇西南部山区等，其他有零星分布，除山区外种植小麦、玉米、果树等作物。

II 级　有机质含量为 20.01～25.0 克/千克，面积为 34 246.81 亩，占总耕地面积的 8.68％。主要分布在南北两山低山区的历山、毛家 2 个镇。

III 级　有机质含量为 15.01～20.0 克/千克，面积为 210 683.88 亩，占总耕地面积的 53.41％。主要分布于东西两河槽、黄河北岸及东西两垣的垣面。在种植小麦、玉米、棉花、果树等作物。

IV 级　有机质含量为 10.01～15.0 克/千克，面积为 145 505.8 亩，占总耕地面积的 36.88％。主要分布全县各乡（镇），包括河槽、浅山、丘陵各个区域。主要作物除小麦、玉米外还有干鲜果、烟叶等。

V 级　有机质含量为 5.01～10.1 克/千克，面积为 1 749.34 亩，占总耕地面积的 0.44％。全县各区域均有零星分布。主要作物有小麦、玉米、果树等作物。

VI 级　无

（二）全氮

I 级　全氮量大于 1.50 克/千克。

II 级　全氮含量为 1.201～1.50 克/千克，面积为 2 152.24 亩，占总耕地面积的 0.055％。在全县各乡（镇）均有零星分布，主要作物有小麦、玉米、果树等作物。

III 级　全氮含量为 1.001～1.20 克/千克，面积为 38 739.25 亩，占总耕地面积的 9.82％。主要分布在历山洪积扇中下部、亳清河、王茅镇、长直乡二级阶地部分区域及南山板涧河二级阶地大部分地区，主要作物有小麦、玉米、各类果树、蔬菜等作物。

IV 级　全氮含量为 0.701～1.000 克/千克，面积为 291 491.43 亩，占总耕地面积的 73.89％。主要分布于全县各乡（镇）大部分地区，主要作物有小麦、玉米、果树等作物。

V 级　全氮含量为 0.501～0.70 克/千克，面积为 61 798.73 亩，占总耕地面积的 15.66％。分布在河漫滩部分地带及丘陵中上部的坡耕地部分地带，作物有小麦等。

VI 级　全氮含量小于 0.5 克/千克，面积为 307.35 亩，占总耕地面积的 0.078％。主要作物为小麦等。

（三）有效磷

Ⅰ级　有效磷含量大于 25.00 毫克/千克。全县面积 267.74 亩，占耕地面积的 0.068％。在全县为零星分布，主要作物有小麦、玉米等。

Ⅱ级　有效磷含量为 20.1～25.00 毫克/千克。全县面积 1 603.18 亩，占耕地面积的 0.41％。主要分布毛家镇、解峪乡的二级阶地地带，作物有小麦、玉米、果树等。

Ⅲ级　有效磷含量在 15.1～20.1 毫克/千克，全县面积 6 810.64 亩，占耕地面积的 1.73％。主要分布在皋落部分地带，主要作物有小麦、玉米、果树等。

Ⅳ级　有效磷含量在 10.1～15.0 毫克/千克。全县面积 166 037.72 亩，占耕地面积的 4.21％。主要分布在王茅镇、长直乡和华峰乡的丘陵地带，作物有小麦、干果类。

Ⅴ级　有效磷含量在 5.1～10.0 毫克/千克。全县面积 218 911.57 亩，占耕地面积的 55.49％。其主要分布在东西两垣的华峰、英言、蒲掌以及河槽的大部分区域，主要作物为小麦、玉米和果树类。

Ⅵ级　有效磷含量小于 5.0 毫克/千克，全县面积 858.15，占总耕地面积的 0.217％。在全县范围零星分布。

（四）速效钾

Ⅰ级　速效钾含量大于 250 毫克/千克，全县面积 217.64 亩，占耕地面积的 0.043％。在全县零星分布，作物为小麦、玉米、果树。

Ⅱ级　速效钾含量在 201～250 毫克/千克，全县面积 18 676.8 亩，占耕地面积的 4.734％。主要分布在华峰大部分地带和长直的丘陵地带，作物有小麦、玉米。

Ⅲ级　速效钾含量在 151～200 毫克/千克，全县面积 231 756.76 亩，占耕地面积的 58.75％。主要分布在南北两山低山及丘陵地带的大部分地带，作物有小麦、玉米、果树。

Ⅳ级　速效钾含量在 101～150 毫克/千克，全县面积 142 721.63 亩，占耕地面积的 36.18％。主要分布于全县各乡（镇），作物有小麦、玉米。

Ⅴ级　速效钾含量在 51～100 毫克/千克，全县面积 1 116.17 亩，占耕地面积的 0.28％。全部为大田，作物以小麦为主。

Ⅵ级　速效钾含量小于 50 毫克/千克，全县无分布。

第三节　中量元素

中量元素背景值的表达方式以各统计单元养分汇总结果的算术平均值和标准差来表示。以单位体硫（S）表示，表示单位：用毫克/千克来表示。

由于有效硫目前全国范围内仅有酸性土壤临界值，而全县土壤属石灰性土壤，没有临界值标准。因而只能根据养分分量的具体情况进行级别划分，分 6 个级别。

一、含量与分布

垣曲县耕地土壤中量元素分级面积见表 3-44。

表 3 - 44　垣曲县耕地土壤中量元素分级面积

类　别		I		II		III		IV		V		VI	
		百分比（%）	面　积（亩）	百分比（%）	面　积（亩）	百分比（%）	面　积（亩）	百分比（%）	面　积（亩）	百分比（%）	面　积（亩）	百分比（%）	面　积（亩）
耕地土壤	有效硫	0	0	0	0	6.2	24 576.7	77.5	305 600.12	15.7	61 817.45	0.6	2 494.77

有效硫

垣曲县不同级别耕地土壤有效硫变化范围为 0.3～105.6 毫克/千克，平均值为 35.56 毫克/千克，属四级水平。

（1）不同行政区域：蒲掌乡最高，平均值为 50.08 毫克/千克；其次是新城镇，平均值为 43.75 毫克/千克；最低是皋落乡，平均值为 14.18 毫克/千克。

（2）不同地形部位：黄土垣、梁最高，平均值为 41.81 毫克/千克；其次是河流一级、二级阶地，平均值为 36.54 毫克/千克，最低的是河流冲积平原的边缘地带，平均值为 24.01 毫克/千克。

（3）不同母质：冲积物最高，平均值为 38.74 毫克/千克；其次是黄土母质，平均值为 35.88 毫克/千克；最低的是红土母质，平均值均为 29.19 毫克/千克。

（4）不同土壤类型：薄沙泥质淋土最高，平均值为 40.58 毫克/千克；其次是耕卧黄土，平均值为 39.91 毫克/千克；最低是薄沙渣土，平均值为 28.24 毫克/千克。见表 3 - 45。

表 3 - 45　垣曲县耕地土壤中量元素分类统计结果

单位：毫克/千克

类　别		有效硫	
		平均值	区域值
行政区域	新城镇	43.75	20～45
	历山镇	28.61	10～15
	古城镇	23.43	10～60
	王茅镇	36.68	25～45
	毛家镇	16.3	5～25
	蒲掌乡	50.08	40～65
	英言乡	48.24	40～60
	解峪乡	35.58	25～55
	华峰乡	21.936	20～60
	长直乡	20.93	10～65
	皋落乡	14.18	10～20
地形部位	低山丘陵坡地	35.83	15～100
	河流冲积平原边缘地带	24.01	10～80
	河流冲积河漫滩	33.98	20～80
	河流一级、二级阶地	36.54	15～100

（续）

类　别		有效硫	
		平均值	区域值
地形部位	黄土垣、梁	41.81	15～100
	山地丘陵中下部缓坡	32.93	1～120
土壤类型	薄砾灰泥质立黄土	34.40	22～45
	耕砾石泥质立黄土	36.83	18～50
	白沙渣土	34.33	15～50
	薄硅铝质淋土	32.25	15～60
	薄硅质淋土	34.94	5～60
	薄沙泥质立黄土	34.16	5～60
	薄沙泥质淋土	40.58	10～60
	薄沙泥质棕土	32.45	10～60
	薄沙渣土	28.24	15～80
	耕二合红立黄土	33.58	20～50
	耕二合立黄土	34.68	10～80
	耕红黄淋土	33.94	5～70
	耕红立黄土	36.45	1～80
	耕立黄土	39.17	10～70
	耕少姜立黄土	38.58	15～80
	耕卧黄土	39.91	10～70
	耕小瓣红土	34.37	15～70
	沟淤土	39.00	1～70
	硅质棕土	33.68	5～60
	红黄淋土	30.77	15～50
	红黄土质淋土	32.28	20～50
	红立黄土	32.46	20～50
	砾灰泥质立黄土	29.42	1～60
	绵潮土	35.61	20～50
	浅黏黄垆土	33.00	10～60
	沙泥质立黄土	38.29	20～60
	深黏潮黄土	31.74	20～50
	深黏黄垆土	32.95	10～60
土壤母质	残积物	33.49	20～60
	洪积物	31.64	20～50
	石灰性砾质洪积物	30.35	10～50
	黄土土母质	35.88	10～80
	沙质黄土土母质	33.28	5～60

（续）

类　别		有效硫	
		平均值	区域值
土壤母质	离石黄土	32.17	10～60
	马兰黄土	34.67	1～70
	红土母质	29.19	5～60
	冲积物	38.74	10～60

二、分级论述

有效硫

Ⅰ级　有效硫含量大于 200.0 毫克/千克，全县无分布。

Ⅱ级　有效硫含量 100.1～200.0 毫克/千克，全县无分布。

Ⅲ级　有效硫含量为 50.1～100 毫克/千克，全县面积为 24 576.7 亩，占全县总耕地面积的 6.23%。分布在县城西南地带。作物为小麦、玉米、蔬菜等。

Ⅳ级　有效硫含量在 25.1～50 毫克/千克，面积为 305 600.12 亩，占全县耕地面积的 77.47%，是垣曲县耕地的主要土壤，分布于全县 11 个乡（镇）的 188 个行政村，粮、棉、油、菜、果、烟均有种植。

Ⅴ级　有效硫含量 12.1～25.0 毫克/千克，全县面积为 61 817.4 亩，占全县耕地面积的 15.67%。分布在全县各个乡（镇）。作物为小麦、玉米、蔬菜、果树。

Ⅵ级　有效硫含量小于等于 12.0 毫克/千克，全县面积为 2 494.77 亩，占全县总耕地面积的 0.6324%，在全县零星分布。

第四节　微量元素

土壤微量元素背景值的表达方式以各统计单元养分汇总结果的算术平均值和标准差来表示，分别以单体 Cu、Zn、Mn、Fe、B、Mo 表示。表示单位为毫克/千克。

土壤微量元素参照全省第二次土壤普查的标准，结合本县土壤养分含量状况重新进行划分，各分 6 个级别，见表 3-46。

表 3-46　垣曲县耕地土壤微量元素分级面积

类别		Ⅰ		Ⅱ		Ⅲ		Ⅳ		Ⅴ		Ⅵ	
		百分比（%）	面积（亩）	百分比（%）	面积（亩）	百分比（%）	面积（亩）	百分比（%）	面积（亩）	百分比（%）	面积（亩）	百分比（%）	面积（亩）
耕地土壤	有效铜	29.6	116 947	21	82 748.83	37.4	147 366.5	11.5	45 471.73	0.5	1 954.91		0
	有效锌	0.17	707.45	38.6	152 347.6	46.1	181 996.3	13.4	52 723.86	1.7	6 716.55		0
	有效铁	0	0	0.02	84.67	2.6	10 263.66	91.9	362 884.52	5.6	22 156.15		0
	有效锰	0.03	111.37	0.3	1 044.61	9	35 507.1	90.7	357 825.92	0	0		0
	有效硼	0	0	0	0	0.02	80.38	16.2	64 008.07	83.31	328 670.35	0.44	1 730.2

一、含量与分布

（一）有效铜

垣曲县土壤有效铜含量变化范围为0.27~8.55毫克/千克，平均值1.92毫克/千克，属二级水平。见表3-47。

（1）不同行政区域：长直乡平均值最高，为2.48毫克/千克；其次是皋落乡，平均值为2.29毫克/千克；解峪乡最低，平均值为0.73毫克/千克。

（2）不同地形部位：河流冲积平原边缘地带最高，平均值为2.12毫克/千克；最低是低山丘陵坡地，平均值为1.52毫克/千克。

（3）不同母质：冲积物最高，平均值为2.28毫克/千克；其次是离石黄土，平均值为1.89毫克/千克；最低是石灰性砾质洪积物，平均值为1.06毫克/千克。

（4）不同土壤类型：薄硅铝质淋土最高，平均值为1.97毫克/千克；其次是耕小瓣红土，平均值为1.92毫克/千克；最低是薄砾灰泥质立黄土，平均值为0.72毫克/千克。

（二）有效锌

垣曲县土壤有效锌含量变化范围为0.1~16.4毫克/千克，平均值为1.42毫克/千克，属三级水平。见表3-47。

（1）不同行政区域：王茅镇平均值最高，为1.64毫克/千克；其次是毛家镇，平均值为1.62毫克/千克；最低是皋落乡，平均值为1.05毫克/千克。

（2）不同地形部位：低山丘陵坡地平均值最高，为1.68毫克/千克；其次是河流冲积平原边缘，平均值为1.66毫克/千克；最低是河流冲积平原河漫滩，平均值为1.29毫克/千克。

（3）不同母质：洪积物平均值最高，为1.61毫克/千克；其次是残积物，平均值为1.48毫克/千克；最低是冲积物，平均值为1.15毫克/千克。

（4）不同土壤类型：红黄土质淋土最高，平均值为2.60毫克/千克；其次是红黄淋土，平均值为2.53毫克/千克；最低是深黏潮黄土，平均值为1.07毫克/千克。

（三）有效锰

垣曲县土壤有效锰含量变化范围为4.1~155.4毫克/千克，平均值为12.45毫克/千克，属三级水平。见表3-47。

（1）不同行政区域：历山镇平均值最高，为14.15毫克/千克；其次是皋落乡，平均值为13.74毫克/千克；最低是王茅乡，平均值为11.29毫克/千克。

（2）不同地形部位：河流冲积平原边缘地带最高，平均值为15.19毫克/千克；其次是低山丘陵坡地，平均值为13.12毫克/千克；最低是河流冲积平原一级、二级阶地，平均值为11.72毫克/千克。

（3）不同母质：石灰性砾质洪积物最高，平均值为13.75毫克/千克；其次是残积物，平均值为13.73毫克/千克；最低是洪积物，平均值为11.34毫克/千克。

（4）不同土壤类型：薄沙泥质棕土最高，平均值为16.06毫克/千克；其次是红黄淋土，平均值为15.73毫克/千克，最低是深黏潮黄土，平均值为10.87毫克/千克。

（四）有效铁

垣曲县土壤有效铁含量变化范围为 0.58～15.5 毫克/千克，平均值为 6.91 毫克/千克，属四级水平。

（1）不同行政区域：长直乡平均值最高，为 11.66 毫克/千克；其次是华峰乡，平均值为 9.76 毫克/千克，最低是解峪乡，平均值为 4.60 毫克/千克。

（2）不同地形部位：低山丘陵坡地最高，平均值为 8.03 毫克/千克；其次是河流冲积平原边缘地带，平均值为 7.91 毫克/千克；最低是河流一级、二级阶地，平均值为 6.32 毫克/千克。

（3）不同母质：残积物最高，平均值为 8.17 毫克/千克；其次是石灰性砾质洪积物，平均值为 7.41 毫克/千克；最低是土质洪积物和石灰性土质洪积物，平均值为 5.17 毫克/千克。

（4）不同土壤类型：红黄淋土最高，平均值为 12.31 毫克/千克；其次是红立黄土，平均值为 12.17 毫克/千克；深黏潮黄土最低，平均值为 5.28 毫克/千克。见表3-46。

（五）有效硼

垣曲县土壤有效硼含量变化范围为 0.06～1.25 毫克/千克，平均值为 0.41 毫克/千克，属四级水平。见表3-47。

（1）不同行政区域：解峪乡平均值最高，为 0.49 毫克/千克；其次是新城镇，平均值为 0.47 毫克/千克；最低是长直乡，平均值为 0.36 毫克/千克。

（2）不同地形部位：河流冲积平原边缘地带平均值最高，为 0.62 毫克/千克；其次是黄土垣、梁，平均值为 0.44 毫克/千克，最低是低山丘陵坡地，平均值为 0.40 毫克/千克。

（3）不同母质：洪积物最高，平均值为 0.49 毫克/千克；其次是残积物，平均值为 0.46 毫克/千克；最低是沙土质黄土母质，平均值为 0.38 毫克/千克。

（4）不同土壤类型：薄沙泥质淋土最高，平均值为 0.55 毫克/千克；其次是砾灰泥质立黄土，平均值为 0.52 毫克/千克；最低是薄沙泥质棕土，平均值为 0.36 毫克/千克。

表 3-47　垣曲县耕地土壤微量元素分类统计结果

单位：毫克/千克

类 别		有效铜		有效锰		有效锌		有效铁		有效硼	
		平均值	区域值	平均值	区域值	平均值	区域值	平均值	区域值	平均值	区域值
行政区域	新城镇	2.04	0.5～4	13.08	6～20	1.49	0.3～3	4.91	3～15	0.47	0.1～1.2
	历山镇	1.84	1～4	14.15	6～25	1.51	0.5～5	7.90	3～20	0.46	0.1～1.4
	古城镇	1.41	0.5～4	11.71	6～20	1.42	0.5～4	8.56	3～15	0.42	0.1～1
	王茅镇	1.72	0.5～4	11.29	6～20	1.64	0.5～4	5.39	3～15	0.46	0.1～1
	毛家镇	1.13	0.5～3	11.60	6～20	0.62	0.5～5	6.51	3～15	0.41	0.1～1
	蒲掌乡	1.20	0.5～3	12.27	6～20	1.40	0.3～5	7.42	3～15	0.37	0.1～1
	英言乡	1.24	0.2～2	11.84	6～20	1.51	0.3～3	7.78	5～15	0.41	0.1～1
	解峪乡	0.73	0.5～4	13.14	8～30	1.42	0.3～3	4.60	3～15	0.49	0.1～1
	华峰乡	1.85	0.5～4	12.26	6～20	1.45	0.2～5	9.76	3～15	0.45	0.1～1
	长直乡	2.48	0.5～4	12.32	6～35	1.29	0.1～3	11.66	3～15	0.36	0.1～1
	皋落乡	2.29	1～4	13.74	8～25	1.05	0.5～3	8.43	3～15	0.39	0.1～1

（续）

类　别		有效铜		有效锰		有效锌		有效铁		有效硼	
		平均值	区域值	平均值	区域值	平均值	区域值	平均值	区域值	平均值	区域值
土壤类型	薄砾灰泥质立黄土	0.72	0.3～1.8	13.47	10～20	1.21	0.2～2.5	7.46	3～10	0.51	0.2～0.8
	耕砾石泥质立黄土	1.08	0.5～1.5	12.40	10～20	1.62	0.5～2.5	7.74	5～10	0.41	0.2～0.8
	白沙渣土	1.80	0.5～2.8	12.92	10～25	1.45	1～2.5	7.83	5～12	0.41	0.2～0.9
	薄硅铝质淋土	1.97	0.5～3.8	14.82	10～25	1.38	0.4～2.8	9.17	5～14	0.37	0.2～0.9
	薄硅质淋土	1.37	0.5～2.5	12.56	10～20	1.58	1～2.6	7.83	4～10	0.42	0.2～0.7
	薄沙泥质立黄土	1.49	0.5～3	13.09	10～30	1.48	0.5～4	7.46	4～15	0.41	0.2～0.7
	薄沙泥质淋土	1.68	1～2.5	13.34	10～20	1.56	1～2.5	8.24	6～12	0.55	0.2～1.2
	薄沙泥质棕土	1.60	1～2.5	16.06	10～20	1.24	1～1.8	7.74	5～10	0.36	0.2～0.5
	薄沙渣土	1.68	0.5～3.5	13.54	10～20	1.34	0.5～2.6	7.90	4～14	0.47	0.2～1.2
	耕二合红立黄土	1.82	0.5～3.5	12.77	10～20	1.29	0.2～4.0	6.91	4～12	0.40	0.1～1.0
	耕二合立黄土	1.65	1～3.5	12.07	10～20	1.40	1～4	6.86	3～12	0.41	0.2～1.2
	耕红黄淋土	1.90	0.5～2.5	12.97	10～20	1.79	0.5～2.5	7.80	4～12	0.41	0.2～0.8
	耕红立黄土	1.44	0.5～3.5	14.17	10～30	1.42	0.5～2.8	7.82	4～12	0.41	0.2～0.8
	耕立黄土	1.78	0.3～3.5	11.57	10～20	1.59	0.4～2.5	6.37	4～12	0.38	0.1～0.8
	耕少姜红立黄土	1.89	0.5～3.5	12.03	10～20	1.44	0.4～2.2	6.24	4～10	0.42	0.2～1.0
	耕卧黄土	1.61	0.5～3.5	11.74	10～20	1.56	0.3～4	6.50	4～12	0.43	0.3～0.6
	耕小瓣红土	1.92	0.5～3.5	13.00	10～20	1.32	1～2	7.50	5～10	0.43	0.1～1.0
	沟淤土	1.62	0.5～3.5	12.57	10～20	1.31	0.5～1.8	7.59	5～10	0.40	0.2～0.7
	硅质棕土	1.05	0.5～2.5	12.88	10～20	1.29	1.5～4	7.95	5～10	0.40	0.2～0.6
	红黄淋土	1.25	0.8～2	15.73	10～20	2.53	1.5～5	12.31	10～15	0.46	0.2～0.7
	红黄土质淋土	1.58	1～3.5	14.87	10～20	2.60	1.5～5	12.17	5～18	0.44	0.2～0.7
	红立黄土	1.73	0.5～3.5	12.28	10～20	1.39	0.2～5	6.78	3～10	0.42	0.2～1.2
	砾灰泥质立黄土	1.60	0.5～3.5	13.07	10～20	1.65	0.8～3	6.23	3～10	0.52	0.2～1.0
	绵潮土	1.91	0.5～3.5	12.22	10～20	1.54	0.4～3	6.56	3～10	0.47	0.2～0.9
	浅黏黄垆土	1.90	1～3.5	12.42	10～20	1.36	0.2～3.5	6.45	3～12	0.48	0.2～0.9
	沙泥质立黄土	1.18	0.5～2	10.99	10～20	1.71	0.8～3	7.07	4～10	0.39	0.2～0.7
	深黏潮黄土	1.01	0.8～1.2	10.87	10～20	1.07	0.5～1.5	5.28	3～10	0.41	0.2～0.6
	深黏黄垆土	1.58	0.5～3.5	12.05	10～20	1.36	0.2～4	6.79	5～12	0.41	0.2～0.8
地形部位	低山丘陵坡地	1.52	0.2～5	13.12	5～35	1.68	0.5～5	8.03	4～20	0.40	0.1～1
	河流冲积平原边缘地带	2.12	0.8～4	15.19	5～20	1.66	1～4	7.91	5～15	0.62	0.3～0.8
	河流冲积平原河漫滩	1.61	0.5～4	11.85	5～20	1.29	0.5～4	6.41	4～10	0.40	0.1～0.7
	河流一级、二级阶地	1.95	0.5～5	11.72	5～20	1.50	0.5～5	6.32	3～10	0.41	0.1～0.8
	黄土垣、梁	1.73	0.5～5	12.17	5～20	1.60	0.5～4	6.78	3～10	0.44	0.1～1
	山地丘陵中下部缓坡	1.70	0.2～5	12.52	5～30	1.34	0.5～5	6.99	3～15	0.42	0.1～1.2

（续）

类别		有效铜		有效锰		有效锌		有效铁		有效硼	
		平均值	区域值	平均值	区域值	平均值	区域值	平均值	区域值	平均值	区域值
土壤母质	残积物	1.28	0.2～2.5	13.73	8～20	1.48	1～2.5	8.17	5～12	0.46	0.3～1
	洪积物	1.88	1～2.5	11.34	8～20	1.61	1～2.5	5.17	4～8	0.49	0.3～1
	石灰性砾质洪积物	1.06	0.3～2.5	13.75	10～30	1.37	0.5～2	7.41	4～10	0.45	0.1～1
	黄土母质	1.85	0.3～4	12.92	5～35	1.44	0.2～5	7.01	4～16	0.43	0.1～1.2
	沙质黄土母质	1.75	0.5～4	11.63	8～20	1.37	0.5～3	7.15	4～12	0.38	0.1～1
	离石黄土	1.89	0.5～4	12.49	8～20	1.27	0.3～5	7.08	4～12	0.40	0.1～1
	马兰黄土	1.57	0.3～4	11.94	8～25	1.45	0.2～4	6.88	4～12	0.42	0.1～1.2
	红土母质	1.87	0.8～4	13.26	8～18	1.33	0.2～4	7.17	4～15	0.40	0.1～1
	冲积物	2.28	1～4	12.52	10～18	1.15	0.8～2	7.04	5～10	0.39	0.1～1

二、分级论述

（一）有效铜

Ⅰ级　有效铜含量大于 2.00 毫克/千克，全县分布面积为 116 947 亩，占全县耕地总面积的 29.64％。主要分布在新城镇和皋落乡的近矿区，长直乡也有分布，主要作物为小麦、玉米、蔬菜等。

Ⅱ级　有效铜含量为 1.51～2.00 毫克/千克，全县分布面积 82 748.8 亩，占全县耕地总面积的 20.98％。分布在全县各乡（镇），作物有小麦、玉米、蔬菜、果树等。

Ⅲ级　有效铜含量为 1.01～1.50 毫克/千克，全县分布面积 147 367 亩，占全县耕地总面积的 37.36％。分布于全县各乡（镇），包括大部分农作用均有种植。

Ⅳ级　有效铜含量为 0.51～1.00 毫克/千克，全县分布面积 45 471.7 亩，占全县耕地面积的 11.53％。主要分布在解峪乡、毛家镇、王茅镇，主要作物有小麦、玉米等。

Ⅴ级　有效铜含量为 0.21～0.50 毫克/千克，全县分布面积 1 454.91 亩，占全县耕地面积的 0.369％。

Ⅵ级　全县无分布。

（二）有效锰

Ⅰ级　有效锰含量在为 30.0 毫克/千克以上，全县分布面积 111.37 亩，占全县耕地面积的 0.03％。

Ⅱ级　有效锰含量在 20.01～30.00 毫克/千克，全县分布面积 1 044.61 亩，占总耕地面积的 0.26％。分布于全县各乡（镇），作物为小麦、玉米、蔬菜和果树。

Ⅲ级　有效锰含量为 15.01～20.00 毫克/千克，全县分布面积 35 507.1 亩，占耕地面积的 9.00％。主要分布于历山镇、新城镇和皋落、解峪四乡镇的部分区域，作物为小麦、玉米等。

Ⅳ级　有效锰含量为 5.01～15.00 毫克/千克，全县分布面积 357 825.92，占全县耕地总面积的 90.70％。分布于全县 11 个乡（镇），种植着各种粮经作物。

Ⅴ级、Ⅵ级　全县无分布。

（三）有效锌

Ⅰ级　有效锌含量大于 3.00 毫克/千克，全县面积 704.75 亩，占耕地面积的 0.18％。零星分布，作物有小麦、玉米。

Ⅱ级　有效锌含量为 1.51～3.00 毫克/千克，全县面积 152 348 亩，占总耕面积的 38.62％。主要分布在皋落乡、长直乡一带，作物有小麦、玉米。

Ⅲ级　有效锌含量为 1.01～1.50 毫克/千克，全县面积 181 996 亩，占总耕地面积的 46.13％。全县各乡（镇）均有分布，大田作物有小麦、玉米、果类。

Ⅳ级　有效锌含量为 0.51～1.00 毫克/千克，全县分布面积 52 723.9 亩，占总面积面积的 13.36％。广泛分布在东西两垣及王茅镇大部，作物有小麦、玉米、蔬菜、果树。

Ⅴ级　有效锌含量为 0.31～0.50 毫克/千克，全县分布面积 6 716.55 亩，占总耕地面积的 1.70％。作物有小麦、玉米。

Ⅵ级　有效锌含量小于等于 0.30 毫克/千克，全县无分布

（四）有效铁

Ⅰ级　有效铁含量大于 20.00 毫克/千克，全县无分布。

Ⅱ级　有效铁含量为 15.01～20.00 毫克/千克，全县分布面积 84.67 亩，占全县耕地总面积的 0.02％。零星分布，作物为小麦、玉米。

Ⅲ级　有效铁含量为 10.01～15.00 毫克/千克，全县分布面积 10 263.66 亩，占全县总耕地面积的 2.60％。零星分布，作物为小麦、玉米。

Ⅳ级　有效铁含量为 5.01～10.00 毫克/千克，全县面积 362 884.52 亩，占全县总耕地面积的 91.99％。分布在全县所有乡（镇），作物为小麦、玉米、蔬菜、干鲜果类经济作物。

Ⅴ级　有效铁含量为 2.51～5.00 毫克/千克，全县面积 21 256.15 亩，占耕地总面积的 5.39％。广泛分布在全县各乡（镇），作物有小麦、玉米、蔬菜、果树。

Ⅵ级　有效铁含量小于等于 2.50 毫克/千克，全县无分布。

（五）有效硼

Ⅰ级　有效硼含量大于 2.00 毫克/千克，全县无分布。

Ⅱ级　有效硼含量为 1.51～2.00 毫克/千克，全县无分布。

Ⅲ级　有效硼含量为 1.01～1.50 毫克/千克，全县面积 80.38 亩，占全县总耕地面积的 0.02％。零星分布，作物为小麦、玉米。

Ⅳ级　有效硼含量为 0.51～1.00 毫克/千克，全县面积 64 008.07 亩，占全县总耕地面积的 16.2％。主要分布在全县各乡（镇），作物有小麦、玉米、蔬菜、果树。

Ⅴ级　有效硼含量为 0.21～0.50 毫克/千克，全县面积 328 676.35 亩，占全县总耕地面积的 83.31％。主要分布在全县各乡（镇），作物有小麦、玉米、棉花、烟叶、蔬菜、干鲜果品等。

Ⅵ级　有效硼含量小于等于 0.20 毫克/千克，全县面积 1 730.2 亩，占全县耕地总面积的 0.44％。零星分布。

第五节 其他理化性状

一、土壤pH

垣曲县耕地土壤pH变化范围为7.2~8.5，平均值为8.1。见表3-48。

（1）不同行政区域：最高为古城镇，pH平均值为8.25；其次是长直乡，pH平均值为8.24；最低是毛家镇，pH平均值为8.00。

（2）不同地形部位：河流一级、二级阶地平均值最高，pH为8.20；其次是河流冲积平原河漫滩，pH平均值为8.18；最低是低山丘陵坡地，pH平均值为7.93。

（3）不同母质：洪积物最高，pH平均值为8.26；其次是冲积物和马兰黄土，pH平均值为8.18；最低是沙质黄土母质，pH平均值为8.04。

（4）不同土壤类型：深黏潮黄土最高，pH平均值为8.24；其次是耕立黄土，pH平均值为8.22；最低是红黄淋土和红黄土质淋土，pH平均值为7.54。

表3-48 垣曲县耕地土壤pH分类统计结果

类 别		pH	容重（克/立方厘米）
行政区域	新城镇	8.12	1.3
	历山镇	8.06	1.35
	古城镇	8.25	1.4
	王茅镇	8.17	1.42
	毛家镇	8.00	1.38
	蒲掌乡	8.14	1.41
	英言乡	8.20	1.43
	解峪乡	8.10	1.4
	华峰乡	8.11	1.43
	长直乡	8.24	1.44
	皋落乡	8.11	1.45
土壤类型	薄砾灰泥质立黄土	8.18	1.36
	耕砾石泥质立黄土	8.17	1.4
	白沙渣土	8.08	1.32
	薄硅铝质淋土	7.95	1.42
	薄硅质淋土	8.08	1.41
	薄沙泥质立黄土	8.08	1.43
	薄沙泥质淋土	7.88	1.41
	薄沙泥质棕土	7.99	1.42
	薄沙渣土	8.11	1.38
	耕二合红立黄土	8.13	1.35

（续）

类　别		pH	容重（克/立方厘米）
土壤类型	耕二合立黄土	8.17	1.37
	耕红黄淋土	7.97	1.44
	耕红立黄土	7.96	1.48
	耕立黄土	8.22	1.45
	耕少姜红立黄土	8.16	1.4
	耕卧黄土	8.9	1.43
	耕小瓣红土	8.14	1.44
	沟淤土	8.11	1.5
	硅质棕土	8.13	1.48
	红黄淋土	7.54	1.45
	红黄土质淋土	7.54	1.46
	红立黄土	8.17	1.45
	砾灰泥质立黄土	8.18	1.38
	绵潮土	8.20	1.39
	浅黏黄垆土	8.18	1.34
	沙泥质立黄土	8.06	1.41
	深黏潮黄土	8.24	1.42
	深黏黄垆土	8.18	1.44
地形部位	低山丘陵坡地	7.93	1.38
	河流冲积平原边缘地带	8.16	1.31
	河流冲积平原河漫滩	8.18	1.35
	河流一级、二级阶地	8.20	1.38
	黄土垣、梁	8.12	1.45
	山地丘陵中下部缓坡	8.17	1.48
土壤母质	残积物	8.14	1.31
	洪积物	8.26	1.41
	石灰性砾质洪积物	8.15	1.44
	黄土母质	8.13	1.47
	沙质黄土母质	8.04	1.41
	离石黄土	8.18	1.4
	马兰黄土	8.17	1.43
	红土母质	8.10	1.41
	冲积物	8.18	1.45

二、耕层质地

土壤质地是土壤的重要物理性质之一，不同的质地对土壤肥力高低、耕性好坏、生产性能的优劣具有很大影响。

土壤质地也称土壤机械组成，指不同粒径在土壤中占有的比例组合。根据卡庆斯基质地分类，粒径大于 0.01 毫米为物理性沙粒，小于 0.01 毫米为物理性黏粒。根据其沙黏含量及其比例。

垣曲县耕层土壤质地 60% 以上为轻壤、中壤、重壤，沙壤与黏土面积较少，总的情况是中壤＞重壤＞轻壤＞黏土＞沙土，见表 3-49。

表 3-49　垣曲县土壤耕层质地概况

类　别		面　积（万亩）	占耕地比重（％）	分　布
土壤质地	沙　壤	3.157	8	各河流两岸及山区坡地、谷地
	轻　壤	5.916 9	15	各河流两岸合及山区乡（镇）
	中　壤	17.761 2	45	东西两垣、山区乡（镇）丘陵末端及三级阶地
	重　壤	9.460 9	20	中低山区及丘陵区坡地
	黏　土	3.154	8	分布于各乡（镇）
	合　计	39.4	100	

从表 3-49 可知，垣曲县中壤面积居首位，中壤、轻壤，二者占到全县总面积的 60%。其中壤或轻壤（俗称绵土）物理性沙粒大于 55%，物理性黏粒小于 45%，沙黏适中，大小孔隙比例适当，通透性好，保水保肥，养分含量丰富，有机质分解快，供肥性好，耕作方便，通耕期早，耕作质量好，发小苗也发老苗。因此，一般壤质土，水、肥、气、热比较协调，从质地上看，是农业上较为理想的土壤。

沙壤土占垣曲县耕地地总面积的 8%，其物理性沙粒高达 80% 以上。土质较沙，疏松易耕，粒间孔隙度大，通透性好，但保水保肥性能差，抗旱力弱，供肥性差，前劲强后劲弱，发小苗不发老苗，适宜西瓜、花生等生产。

黏质土即重壤或黏土（俗称垆土），占垣曲县耕地总面积的 24.68%。其中土壤物理性黏粒（＜0.01 毫米）高达 45% 以上，土壤黏重致密，难耕作，易耕期短，保肥性强，养分含量高，但易板结，通透性能差。土体冷凉坷垃多，不养小苗，易发老苗。

三、耕地土壤阳离子交换量

垣曲县耕地土壤阳离子交换量含量变化范围为 7.8～23.4 厘摩尔/千克，平均值为 13.1 厘摩尔/千克。

（1）不同行政区域：古城镇平均值最高，为 13.99 厘摩尔/千克；其次是华峰乡，平均值为 13.82 厘摩尔/千克；最低是皋落乡，平均值为 12.79 厘摩尔/千克。

（2）不同地形部位：洪积扇上最高，平均值为 13.92 厘摩尔/千克；其次二级阶地，平均值为 13.76 厘摩尔/千克；最低是丘陵，平均值为 12.41 厘摩尔/千克。

（3）不同土壤类型：潮土最高，平均值为 12.17 厘摩尔/千克；其次是石灰性褐土，平均值为 11.58 厘摩尔/千克，最低是潮土；平均值为 12.22 厘摩尔/千克。

以上统计结果为垣曲县依据 2009—2011 年测土配方施肥项目土样化验结果。

四、土体构型

土体构型是指整个土体各层次质地排列组合情况。它对土壤水、肥、气、热等各个肥力因素有制约和调节作用，特别对土壤水、肥储藏与流失有较大影响。因此，良好的土体构型是土壤肥力的基础。

垣曲县耕作的土体构型可概分四大类，即通体型和夹层型。其中以通体壤质型面积最大，广泛分布于丘陵、二级阶地等，土体构型好。通体沙壤型或夹沙型主要分布于山前丘陵或低山区，该土易漏水漏肥，保肥性差，在施肥浇水上应小畦节浇，少吃多餐，是一种构型较差的土壤。通体黏质或夹黏型（蒙金型）主要分布在低山区、阶地及山前洪积扇、一级阶地处，通体黏质型虽然保水保肥性能强，土壤养分含量高，但由于土性冷凉，土质过垆，难于耕作，故发老苗不发小苗。"蒙金型"又称"绵盖垆"，该土上轻下重，上松下紧，易耕易种，心土层紧实致密，托水托肥，肥水不易渗漏，故既发小苗，又发老苗。所以"蒙金型"是农业生产上最为理想的土体构型。

五、土壤结构

构成土壤骨架的矿物质颗粒，在土壤中并非彼此孤立、毫无相关的堆积在一起，而往往是受各种作物胶结成形状不同、大小不等的团聚体。各种团聚体和单粒在土壤中的排列方式称为土壤结构。

土壤结构是土体构造的一个重要形态特征。它关系着土壤水、肥、气、热状况的协调，土壤微生物的活动、土壤耕性和作物根系的伸展，是影响土壤肥力的重要因素。

垣曲县山地土壤由于有机质含量高，主要为团粒结构，粒径为 0.25～10 毫米，由腐殖质为成型动力胶结而成。团粒结构是良好的土壤结构类型，可协调土壤的水、肥、气、热状况。

垣曲县耕作土壤的有机质含量较少，土壤结构主要以土壤中碳酸钙胶结为主，水稳性团粒结构一般为 20%～40%。

垣曲县土壤的不良结构主要有：

1. 板结 垣曲县耕作土壤灌水或降雨后表层板结现象较普遍，板结形成的原因是细黏粒含量较高，有机质含量少所致。板结是土壤不良结构的表现，它可加速土壤水分蒸发、土壤紧实，影响幼苗出土生长以及土壤的通气性能。改良办法应增加土壤有机质，雨后或浇灌后及时中耕破板，以利土壤疏松通气。

2. 坷垃 坷垃是在质地黏重的土壤上易产生的不良结构。坷垃多时，由于相互支撑，增大孔隙透风跑墒，促进土壤蒸发，并影响播种质量，造成露籽或压苗，或形成吊根，妨碍根系穿插。改良办法首先大量施用有机肥料和掺杂沙改良黏重土壤，其次应掌握宜耕期，及时进行耕耙，使其粉碎。

土壤结构是影响土壤孔隙状况、容重、持水能力、土壤养分等的重要因素，因此，创造和改善良好的土壤结构是农业生产上夺取高产稳产的重要措施。

六、土壤孔隙状况

土壤是多孔体,土粒、土壤团聚体之间以及团聚体内部均有孔隙。单位体积土壤孔隙所占的百分数,称土壤孔隙度,也称总孔隙度。

土壤孔隙的数量、大小、形状很不相同,它是土壤水分与空气的通道和贮存所,它密切影响着土壤中水、肥、气、热等因素的变化与供应情况。因此,了解土壤孔隙大小、分布、数量和质量,在农业生产上有非常重要的意义。

土壤孔隙度的状况取决于土壤质地、结构、土壤有机质、土粒排列方式及人为因素等。黏土孔隙多而小,通透性差;沙质土孔隙少而粒间孔隙大,通透性强;壤土则孔隙大小比例适中。土壤孔隙可分3种类型:

1. 无效孔隙 孔隙直径小于0.001毫米,作物根毛难于伸入,为土壤结合水充满,孔隙中水分被土粒强烈吸附,故不能被植物吸收利用,水分不能运动也不通气,对作物来说是无效孔隙。

2. 毛管孔隙 孔隙直径为0.001～0.1毫米,具有毛管作用,水分可借毛管弯月面力保持贮存在内,并靠毛管引力向上下左右移动,对作物是最有效水分。

3. 非毛细管孔隙 即孔隙直径大于0.1毫米的大孔隙,不具毛管作用,不保持水分,为通气孔隙,直接影响土壤通气、透水和排水的能力。

土壤孔隙一般为30%～60%,对农业生产来说,土壤孔隙以稍大于50%为好,要求无效孔隙尽量低些。非毛管孔隙应保持在10%以上,若小于5%则通气、渗水性能不良。

垣曲县耕层土壤总孔隙一般为38.5%～58.5%。毛管孔隙一般为41.9%～50.2%,非毛细管孔隙一般为0.7%～16.6%,大小孔隙之比一般为1:12.5,最大为1:49,最小为1:2.5。最适宜的大小孔隙之比为1:2～4。因此,垣曲县土壤大都通气孔隙较低,土壤紧实,通气差。

第六节 耕地土壤属性综述与养分动态变化

一、耕地土壤属性综述

垣曲县3 600个样点测定结果表明,耕地土壤有机质平均含量为21.68±6.7克/千克;全氮平均含量为0.999±0.176克/千克,有效磷平均含量为22.68±8.7毫克/千克,速效钾平均含量为231.41±70.75毫克/千克,有效铜平均含量为1.47±0.86毫克/千克,有效锌平均含量为1.54±0.72毫克/千克,有效铁平均含量为4.98±1.03毫克/千克,有效锰含量平均值为6.88±1.26毫克/千克,有效硼平均含量为0.91±0.19毫克/千克,有效钼平均含量为0.021±0.05毫克/千克,pH平均值为8.44±0.11,有效硫平均含量为26.14±7.31毫克/千克,缓效钾含量平均值为955.00±154.99毫克/千克,容重平均值为1.34±0.05克/立方厘米。

二、有机质及大量元素的演变

随着农业生产的发展及施肥、耕作经营管理水平的变化，耕地土壤有机质及大量元素也随之变化。与1984年全国第二次土壤普查时的耕层养分测定结果相比，23年间，土壤有机质增加了10.16克/千克，全氮增加了0.299克/千克，有效磷增加了18.85毫克/千克，速效钾增加了112.81毫克/千克。详见表3-50。

表3-50 垣曲县耕地土壤养分动态变化

单位：克/千克、毫克/千克

项 目			主要耕种土壤	耕种红黄土状碳酸盐褐土	耕种人工堆垫碳酸盐褐土	耕种浅色草甸土	耕种褐化草甸土
有机质	大田	第二次土壤普查	10.3	9.5	1.7	9.8	1.5
		本次调查	18.05	15.9	17.57	15.29	17.41
		增	7.65	5.6	6.87	6.1	5.91
全氮	大田	第二次土壤普查	0.68	0.79	0.6	0.62	0.70
		本次调查	0.89	0.85	0.90	0.89	0.88
		增	0.23	0.06	0.30	0.27	0.18
速效磷	大田	第二次土壤普查	7.08	7.9	7.2	7.3	9.3
		本次调查	9.84	9.5	9.84	9.2	10.63
		增	2.76	1.6	2.64	1.9	1.33
速效钾	大田	第二次土壤普查	129	131	109	87	128
		本次调查	160.55	160.24	169.22	162.31	164.64
		增	31.55	29.24	60.22	65.31	36.64

第四章　耕地地力评价

第一节　耕地地力分级

一、分类及面积统计

垣曲县耕地面积 39.4 万亩，其中水浇地 8.52 万亩，占耕地面积的 21.6%；旱地 30.93 万亩，占耕地面积的 78.4%。按照地力等级的划分指标，通过对 8 292 个评价单元 IFI 值的计算，对照分级标准，确定每个评价单元的地力等级，垣曲县耕地地力共分为 5 个等级。

1. 数值型评价因子　各评价因子的隶属函数（经验公式）见表 4-1。

2. 耕地地力要素的组合权重　应用层次分析法所计算的各评价因子的组合权重见表 4-2。

表 4-1　垣曲县耕地地力评价数值型因子隶属函数

函数类型	评价因子	经验公式	C	U_t
戒下型	地面坡度（°）	$y=1/[1+6.492\times10^{-3}\times(u-c)^2]$	3.0	$\geqslant25.0$
戒上型	有效土层厚度（厘米）	$y=1/[1+1.118\times10^{-4}\times(u-c)^2]$	160.0	$\leqslant25.0$
戒上型	耕层厚度（厘米）	$y=1/[1+4.057\times10^{-3}\times(u-c)^2]$	33.8	$\leqslant10.0$
戒上型	有机质（克/千克）	$y=1/[1+2.912\times10^{-3}\times(u-c)^2]$	28.4	$\leqslant5.0$
戒下型	pH	$y=1/[1+0.5156\times(u-c)^2]$	7.00	$\geqslant9.5$
戒上型	有效磷（毫克/千克）	$y=1/[1+3.035\times10^{-3}\times(u-c)^2]$	28.8	$\leqslant5.0$
戒上型	速效钾（毫克/千克）	$y=1/[1+5.389\times10^{-5}\times(u-c)^2]$	228.76	$\leqslant50.0$

表 4-2　垣曲县耕地地力评价指标

指标层	准则层					组合权重
	C_1	C_2	C_3	C_4	C_5	$\sum C_i A_i$
	0.434 2	0.059 1	0.097 4	0.130 4	0.278 9	1.000 0
A_1 地形部位	0.558 9					0.242 7
A_2 成土母质	0.183 2					0.079 5
A_3 地面坡度	0.257 9					0.112 0
A_4 耕层厚度		1.000 0				0.059 1
A_5 耕层质地			0.5000			0.048 7
A_6 有机质			0.500 0			0.048 7
A_7 有效磷				0.626 7		0.081 7
A_8 速效钾				0.373 3		0.048 7
A_9 灌溉保证率					1.000 0	0.278 9

3. 耕地地力分级标准　垣曲县耕地地力分级标准见表 4-3。

4. 垣曲县耕地地力统计表　汇总结果见表 4-4。

表 4-3　垣曲县耕地地力等级标准

等　级	生产能力综合指数（x）	面　积（亩）	占面积（%）
一	0.74 22≤X≤0.895 4	35 941.76	9.11
二	0.550 1≤X≤0.739 4	51 987.11	13.18
三	0.49≤X≤0.549 8	172 811.86	43.81
四	0.46≤X≤0.489 9	89 816.1	22.77
五	0.375 1≤X≤0.459 9	43 932.17	11.13

表 4-4　垣曲县耕地地力统计

等　级	面　积（万亩）	所占比重（%）
1	3.60	9.11
2	5.20	13.18
3	17.28	43.81
4	8.97	22.27
5	4.40	11.13
合　计	39.40	100

二、地域分布

垣曲县耕地主要分布在南北两山丘陵地区以及亳清河、沇西河、板涧河、西阳河流域及黄河沿岸的河槽区，东西两垣垣面仅有 5 万多亩，只占到耕地面积的 15%。

第二节　耕地地力等级分布

一、一　级　地

（一）面积和分布

垣曲县一级耕地主要分布在河槽区的河漫滩、一级、二级阶地以及东西两垣的后河水库灌区两个不同区域，面积为 3.6 万亩，占全县总耕地面积的 9.11%。

（二）主要属性分析

1. 板涧河、亳清河、沇西河、西阳河、五福涧河河流两岸及黄河北岸的河漫滩和一级、二级阶地　是垣曲县农业生产的中心地带，是垣曲县政治、经济、文化和交通中心，东济高速及二级路由西向东穿过，海拔高度为 200～500 米，土地比较平坦，土壤包括耕种红黄土状碳酸盐褐土和耕种人工堆垫碳酸盐褐土两个亚类，成土母质为冲积物，地面坡度为 2°～3°，耕层质地多为轻、中壤土，土体构型为壤夹黏，有效土层厚度为 130～150 厘米，耕层厚度为 19.7 厘米，pH 为 7.96～8.45，平均值为 8.43，地势比较平缓，无侵蚀，保水，地下水位浅且水质较好，灌溉保证率为满足，地面较平坦，田园化水平比较高。

2. 东西两垣后河水库灌区　该区位于垣曲县耕地中最平坦的两个垣面上，有小浪底在本县的移民骨干工程——后河水库为水源，覆盖华峰、英言、蒲掌 3 个乡（镇）。其海拔为 350～600 米，土地平坦，土壤包括中壤轻蚀耕种红黄土状褐土性土，成土母质为冲积物，地面坡度为 2°～3°，耕层质地多为轻中壤土，有效土层厚度为 150～200 厘米，耕层厚度为 19.65 厘米，pH 平均为 8.14，最高值为 8.44，最低值为 7.34，地势平坦，无侵蚀，保水，地下水位较深，灌溉保证率为充分满足，地面平坦，田园化水平高。

本级耕地土壤有机质平均含量为 15.92 克/千克，属省二级水平，比全县平均含量稍低；有效磷平均含量为 9.79 毫克/千克，属省一级水平，与全县平均含量 9.99 毫克/千克相比基本持平；速效钾平均含量为 153.15 毫克/千克，比全县低 6.16 毫克/千克；全氮平均含量为 0.85 克/千克，比全县平均含量高 0.01 克/千克；中量元素有效硫比全县平均含量略高，微量元素钼、硼偏低，锌较全县平均水平高。详见表 4-5。

该级耕地农作物生产历来水平较高，从农户调查表来看，小麦平均亩产 420 千克，复播夏玉米亩产 450 千克，效益显著；蔬菜占全县的 80% 以上，是垣曲县重要的蔬菜生产基地。

表 4-5　一级地土壤养分统计

项　目	平　均	最　大	最　小	标准差	变异系数
有机质	15.90	23.34	9.24	2.88	0.18
有效磷	9.79	16.75	5.43	2.11	0.22
速效钾	151.20	210.80	82.10	26.10	0.17
pH	8.20	8.4	8.0	—	0.11
土壤容重	1.38	1.45	1.3	0.03	2.06
全　氮	0.85	1.21	0.50	0.13	0.47
有效硫	36.99	67.84	2.34	9.173	0.25
有效锰	11.89	16.34	7.14	1.30	0.11
有效硼	0.44	0.74	0.17	0.11	0.24
有效铁	5.99	10.00	4.20	0.96	0.16
有效铜	1.65	3.33	0.84	0.43	0.26
有效锌	1.46	2.90	0.45	0.48	0.33
耕层厚度	19.70	22.1	18.2	—	—

注：以上各项单位为：有机质、全氮为克/千克，土壤容重为克/立方厘米，耕层厚度为厘米，pH 无单位，其他均为毫克/千克。

（三）主要存在问题

一是土壤肥力与高产高效的需求仍不适应；二是部分区域灌溉水源受自然影响，一些老化的水利设施要进行改造，更新大口井，加大了生产成本；三是多年种菜的部分地块，化肥施用量不断提升，有机肥施用不足，引起土壤板结，土壤团粒结构分配不合理。影响土壤环境质量的障碍因素是城郊工矿区的极个别菜地污染。尽管国家有一系列的种粮政策，但最近几年农资价格的飞速猛长，农民的种粮积极性严重受挫，对土壤进行粗放式管理。

（四）合理利用

本级耕地在利用上应从主攻高强筋优质小麦，大力发展设施农业，加快蔬菜生产发展。突出区域特色经济作物如干鲜果等产业的开发，复种作物重点发展玉米、大豆间套。在措施上增施有机肥，用养结合，向高标准田园化方向发展。

二、二 级 地

（一）面积与分布

主要分布在古城、英言、新城、王茅等河流两岸的高一级阶地地带，包括历山、长直、皋落、蒲掌、华峰等乡（镇）的平原地带。海拔为 300～600 米，面积 5.20 万亩，占耕地面积的 13.18%。

（二）主要属性分析

本级耕地包括褐土性土、碳酸盐褐土和褐化草甸土 3 个土种，成土母质为河流冲积物和黄土状母质，质地多为壤土，灌溉保证率为基本满足，地面平坦，坡度小于 3°，园田化水平高。有效土层厚度为 150 厘米，耕层厚度平均为 19.2 厘米，本级土壤 pH 为 8.1～8.8。

本级耕地土壤有机质平均含量为 16.85 克/千克，属省三级水平；有效磷平均含量为 10.233 毫克/千克，属省四级水平；速效钾平均含量为 160.98 毫克/千克，属省二级水平；全氮平均含量为 0.897 克/千克，属省四级水平。详见表 4 - 6。

表 4 - 6　二级地土壤养分统计

项　目	平　均	最　大	最　小	标准差	变异系数
有机质	16.90	32.59	9.54	2.73	0.16
有效磷	10.23	32.35	4.89	2.58	0.25
速效钾	160.98	233.67	86.09	22.41	0.14
pH	8.2	8.4	7.3	0.08	0
土壤容重	1.38	1.45	1.3	0.03	2.06
全　氮	0.88	1.36	0.48	0.11	0.12
有效硫	35.86	70.79	2.34	10.24	0.29
有效锰	12.28	17.67	8.35	1.54	0.12
有效硼	0.47	0.83	0.23	0.12	0.25
有效铁	6.56	15	3.93	1.03	0
有效铜	1.85	3.22	0.80	0.57	0.31
有效锌	1.52	3.84	0.58	0.46	0.27

注：以上各项单位为：有机质、全氮为克/千克，土壤容重为克/立方厘米，耕层厚度为厘米，pH 无单位，其他均为毫克/千克。

本级耕地所在区域，为河流灌溉区和大口井、水库灌溉区，是垣曲县的主要粮、棉、桑、果、瓜、菜生产基地，经济效益较高，粮食生产处于全县上游水平，小麦玉米两茬近3年平均亩产700千克，是垣曲县重要的粮、棉、菜、果生产基地。

（三）主要存在问题

盲目施肥现象严重，有机肥施用量少，由于产量高造成土壤肥力下降，农产品品质降低。

（四）合理利用

应"用养结合"，培肥地力为主，一是合理布局，实行轮作，倒茬，尽可能做到须根与直根、深根与浅根、豆科与禾本科、夏作与秋作、高秆与矮秆作物轮作，使养分调剂，余缺互补；二是推广小麦、玉米秸秆两茬还田，提高土壤有机质含量；三是推广测土配方施肥技术，建设高标准农田；四是增加投入，搞好设施农业，提高耕地的整体生产水平。

三、三 级 地

（一）面积与分布

主要分布在全县丘陵及缓坡地带和西阳河、亳清河、沇西河等河流两岸的部分一级阶地。海拔为250～650米，面积为17.28万亩，占耕地面积的43.81%，是垣曲县耕地中面积最大的一个级别。

（二）主要属性分析

本级耕地自然条件较好，大多为梯田。耕地包括耕种淤山地褐土、耕种黄土状褐土、中壤轻蚀耕种黄土状褐土性土、少砾耕种人工堆垫碳酸盐褐土等几个土种，成土母质为河流冲积物、黄土质母质和黄土状母质，耕层质地为中壤、轻壤，土层深厚，有效土层厚度为150厘米以上，耕层厚度为19.18厘米。土体构型为通体壤，灌溉保证率为不满足，地面基本平坦，坡度5.1°～15°，园田化水平不高。pH为7.34～8.34，平均值为8.15。

本级耕地土壤有机质平均含量为16.5克/千克，属省三级水平；有效磷平均含量为10.02毫克/千克，属省四级水平；速效钾平均含量为161.36毫克/千克，属省二级水平；全氮平均含量为0.84克/千克，属省四级水平。详见表4-7。

表4-7　三级地土壤养分统计

项　目	平均值	最大值	最小值	标准差	变异系数
有机质	16.6	32.59	8.32	3.20	0.19
有效磷	10.03	33.56	4.47	2.71	0.13
速效钾	161.36	266.30	86.09	21.40	0.133
pH	8.1	8.4	7.3	0.14	0.02
土壤容重	1.38	1.45	1.3	0.03	2.06
全　氮	0.85	1.36	0.32	0.11	0.13
有效硫	35.38	64.88	2.34	9.65	0.27
有效锰	12.42	23.34	8.35	1.69	0.14

（续）

项　目	平均值	最大值	最小值	标准差	变异系数
有效硼	0.41	1.11	0.15	0.11	0.27
有效铁	7.14	15.15	3.40	1.40	0.19
有效铜	1.78	3.45	0.43	0.69	0.29
有效锌	1.44	4.40	0.3	0.43	0.29

注：以上各项单位为：有机质、全氮为克/千克，土壤容重为克/立方厘米，耕层厚度为厘米，pH无单位，其他均为毫克/千克。

本级所在区域，粮食生产水平较高，据调查统计，小麦平均亩产 200 千克，复播玉米或杂粮平均亩产 300 千克以上，效益较好。

（三）主要存在问题

本级耕地的微量元素硼、铁等含量偏低。

（四）合理利用

科学种田。本区农业生产水平属中等，粮食产量较高，就土壤条件而言，并没有充分显示出高产性能。因此，应采用先进的栽培技术，如选用优种、科学管理、平衡施肥等，在施肥上，应多喷一些硫酸铁、硼砂、硫酸锌等，充分发挥土壤的丰产性能，夺取各种作物高产。

作物布局。本区今后应在种植业发展方向上主攻优质小麦生产的同时，抓好无公害核桃、花椒的生产。麦后复播田应以玉米、豆类作物为主，复种指数控制在 30% 左右。

四、四 级 地

（一）面积与分布

主要零星分布在东西两垣边缘、丘陵中上部、低山下部、河流两岸的河漫滩及一级阶梯地上，分布于全县各个乡（镇），海拔为 300～700 米，是垣曲县的丘陵山区河槽中低产田，面积 8.79 万亩，占耕地面积的 22.77%。

（二）主要属性分析

该土地分布范围较大，土壤类型复杂，包括石灰性褐土、褐土性土等，成土母质有黄土质、黄土状两种，耕层土壤质地差异较大，为中壤、重壤，有效土层厚度为 150 厘米，耕层厚度平均为 19.27 厘米。土体构型为通体壤、夹砾、夹黏、深黏。灌溉保证率为一般不满足，地面基本平坦，坡度 8.1°～15°，园田化水平不高。本级土壤 pH 为 7.4～8.4，平均为 8.1，容重为 1.28～1.41 克/立方厘米，平均为 1.37 克/立方厘米。

本级耕地土壤有机质平均含量为 16.20 克/千克，属省三级水平；有效磷平均含量为 9.90 毫克/千克，属省四级水平；速效钾平均含量为 157.68 毫克/千克，属省三级水平；全氮平均含量为 0.85 克/千克，属省四级水平；有效硼平均含量为 0.405 毫克/千克，有效铁平均含量为 7.148 毫克/千克，属省二级水平；有效锌含量为 1.330 克/千克，属省三级水平；有效锰平均含量为 12.601 毫克/千克，有效硫平均含量为 32.296 毫克/千克。详见表 4-8。

表 4-8 四级地土壤养分统计

项 目	平均值	最大值	最小值	标准差	变异系数
有机质	16.2	31.58	9.69	3.15	0.19
有效磷	9.91	26.31	4.36	2.70	0.27
速效钾	157.68	277.78	92.05	22.87	0.15
pH	8.1	8.4	7.4	0.16	0.02
土壤容重	1.38	1.45	1.3	0.03	2.06
全 氮	0.85	1.39	0.43	0.12	0.14
有效硫	32.30	69.31	2.34	9.46	0.29
有效锰	12.60	32.28	8.35	2.12	0.17
有效硼	0.40	1.01	0.16	0.10	0.26
有效铁	7.15	14.00	4.2	1.41	0.19
有效铜	1.60	3.56	0.33	0.68	0.42
有效锌	1.33	4.12	0.3	0.46	0.34
耕层厚度	18.2	22	16		

注：以上各项单位为：有机质、全氮为克/千克，土壤容重为克/立方厘米，耕层厚度为厘米，pH 无单位，其他均为毫克/千克。

主要种植作物以小麦、杂粮为主，小麦平均亩产量为 180 千克，杂粮平均亩产 200 千克以上，均处于垣曲县的低等水平。

（三）主要存在问题

一是无灌溉条件靠天吃饭，干旱年份旱情较为严重；二是本级耕地的中量元素镁、硫偏低，微量元素的硼、铁、锌偏低，今后在施肥时应合理补充。

（四）合理利用

平衡施肥。中产田的养分失调，大大地限制了作物增产。因此，要在不同区域的中产田上，大力推广平衡施肥技术，进一步提高耕地的增产潜力。

五、五 级 地

（一）面积与分布

主要分布在垣曲县范围中低山下部、丘陵中上部、沟壑较陡处及海拔为 500～700 米处，面积 4.40 万亩，占总耕面积的 11.13%。

（二）主要属性分析

该区域为丘陵和南北两山下部丘陵山地，土壤多为褐土性土和石灰性褐土亚类。成土母质为黄土质和黄土状，耕层质地为中壤、重壤，有效土层厚度平均为 150 厘米，耕层厚度为 17.1 厘米，土体构型为深黏、夹黏、少姜，灌溉保证率为无灌溉条件，地势平坦。这部分耕地大多位于南北两山下部、丘陵中上部、坡度大、耕作条件差，地下水位深，有不同程度的淋溶作用，形成较明显的黏化层，土壤熟化程度高，保水保肥性不高。pH 为 8.1～8.9，平均为 8.12；土壤容重为 1.28～1.41 克/立方厘米，平均容重为 1.38 克/立方厘米。

本级耕地土壤有机质平均含量为 15.83 克/千克，有效磷平均含量为 10.00 毫克/千克，速效钾平均含量为 158.74 毫克/千克，均属省四级水平；全氮平均含量为 0.85 克/千克，属省五级水平；微量元素锌、铜属省三级水平；硼、铁、钼、硫、锰属省四级水平。详见表 4-9。

表 4-9　五级地土壤养分统计

项　目	平均值	最大值	最小值	标准差	变异系数
有机质	15.8	32.08	8.77	3.13	0.19
有效磷	10.00	24.12	4.46	2.46	0.24
速效钾	158.73	243.47	92.05	21.73	0.13
pH	8.1	8.4	7.4	0.16	0.02
土壤容重	1.38	1.45	1.3	0.03	2.06
全　氮	0.85	1.23	0.45	0.11	0.13
有效硫	32.16	56.01	3.03	8.58	0.27
有效锰	13.03	28.68	8.34	2.32	0.18
有效硼	0.40	1	0.19	0.09	0.24
有效铁	3.52	14.00	4.33	1.52	0.20
有效铜	1.56	3.22	0.42	0.70	0.45
有效锌	1.36	3.84	0.34	0.43	0.31
耕层厚度	17.1	21.4	15.3		

注：以上各项单位为：有机质、全氮为克/千克，土壤容重为克/立方厘米，耕层厚度为厘米，pH 无单位，其他均为毫克/千克。

2. 土壤容重是第二次土壤普查数据。垣曲县耕作土壤表层（20 厘米左右）容重为 1.3～1.45 克/立方厘米，耕中土壤（20～40 厘米）土层中容重为 1.48 克/立方厘米，相对变化不大。种植作物以小麦、杂粮为主，据调查统计，小麦平均亩产 150 千克，杂粮平均亩产 120 千克以上，效益较差。

（三）主要存在问题

耕地土壤养分中量，微量元素为中等偏下，地下水位较深，浇水困难，无灌溉条件。

（四）合理利用

改良土壤，主要措施是除增施有机肥、秸秆还田外，还应种植苜蓿、豆类等养地作物，通过轮作倒茬，改善土壤理化性质；在施肥上除增加农家肥施用量外，应多施氮肥，平衡施肥，搞好土壤肥力协调，丘陵区整修梯田，培肥地力，防蚀保土，建设高产基本农田。同时采取平地平整地、机制梯田等措施，以提高该类耕地生产能力，坡度大于 25°的要退耕还林、还牧。

垣曲县耕地等级及分布见表 4-10。

表 4-10　垣曲县耕地等级与分布

地力等级	乡(镇)数	行政村数	耕地面积(万亩)	行政村名
1	7	70	3.60	南堡、北堡头、北坡、北窑庄、店头、东石、古城、南堡头、南坡、宁董、上圪坂、谭家、西敌、西沟、西石、西滩、峡口、下圪坂、莘庄、新窑、窑店、峪子、允东、允岭、北河、东窑、柳庄、上亳、乡林场、小赵、寨里、长涧、河东、西阳、安河、柏底、无恨、闫家河、窑头、北沟、北羊、陈堡、东滩、东型马、东寨、丰村、沟堎、河堤、胡村、华峰、马村、南岭、南羊、南窑、芮村、宋村、五福涧、西马、西坡、西型马、长直、涧溪、鲁家坡、前青、上凹、西交、峪里、原峪、西河、张家庄
2	10	79	5.20	城南居委会、古堆、刘张、坡底、上官、上王、观坡、河西、降道沟、刘村、南堡、神后、宋家湾、同善、西哄、朱家沟、北堡头、北坡、店头、古城、磨头南堡头、南坡、三联、上圪坂、上庄、谭家、西敌、西沟、峡口、新瑶、窑店、峪子、允东、允岭、白水、北河、东窑、柳庄、上亳、王茅、西王茅、小赵、寨里、长涧、南庄、堤沟、河东、西阳、下马、白家河、北白、郭家山、马湾、南白、田村、无恨、西河席家坪、窑头、英言、赵寨、解村、乐尧、北沟、北羊、南窑芮村、宋村、西马、西坡、西型马、永兴、长直、古垛、黑峪、后青、涧溪、鲁家坡、前青、上凹
3	11	77	17.28	安窝、城北居委会、城南居委会、城西居委会、东峰山、古堆、关家、刘张、坡底、清南、清源、上官、上王、瓦舍、西峰山、下寺、赵家岭、左家湾、不落地、常家坪、冯家山、观坡、河西、后河、花石、降道沟、历山、刘村、落凹、南堡、三里腰、神后、宋家湾、望仙、文堂、西哄、薛家堡、竹林、北堡头、店头、东石、古城、南堡头、南坡、宁董、三联、上圪坂、上庄、谭家、西沟、西石、西滩、峡口、新窑、窑店、峪子、允东、允岭、白水、北河、晁家坡、东窑、复兴、柳庄、南坡、上亳、王茅、西王茅、下亳、小赵、寨里、安头、长涧、林场、刘家、毛家、南山
4	11	79	8.98	安窝、古城、关家、刘张、坡底、清南、清源、上官、上王、瓦舍、西峰山、下寺、赵家岭、左家湾、不落地、常家坪、冯家山、观坡、河西、后河、花石、降道沟、历山、刘村、落凹、三里腰、神后、同善、望仙、文堂、薛家堡、朱家沟、竹林、北堡头、北坡、东石、南坡、宁董、三联、上圪坂、上庄、谭家、西沟、西敌、西滩、峡口、峪子、允东、允岭、白水、晁家坡、复兴、柳庄、南坡、王茅、西王茅、下亳、乡林场、小赵、安头、长涧、林场、刘家、毛家、南山、南庄、清泉、郑家岭、朱家庄、北阳、陈河、堤沟、高崖、郭家河、河东、尖圪瘩、南蒲、蒲掌、邱家沟
5	11	77	4.40	安窝、关家、刘张、清南、瓦舍、赵家岭、左家湾、不落地、常家坪、冯家山、观坡、河西、后河、降道沟、历山、刘村、落凹、三里腰、神后、望仙、文堂、西哄、薛家堡、朱家沟、竹林、北坡、东石、古城、南坡、宁董、三联、上庄、谭家、西敌、西滩、峡口、晁家坡、复兴、柳庄、南坡、王茅、西王茅、下亳、安头、长涧、林场、刘家、毛家、南山、南庄、清泉、郑家岭、朱家庄、北阳、堤沟、高崖、郭家河、河东、尖圪瘩、南蒲、邱家沟、水出窑、洼里、西阳、下马、安河、白家河、柏地、北白、关庙、官家沟、郭家山、河底河、龙尾头、马湾、南白、邵家沟、田村

第五章　耕地土壤环境质量评价

一、肥料对农田的影响

(一) 耕地肥料施用情况

1. 农家肥　农家肥主要包括粪尿、畜肥、秸秆沤肥、绿肥压青、土杂肥。全县在 1980 年每亩农家肥施用量达到 4 000 千克，近村、近路的施肥甚至达到 6 000 千克，厩肥、土杂肥施用的同时，大量的施用绿肥、饼肥、实施秸秆还田。

2. 化肥　垣曲县化肥施用品种主要有氮肥、磷肥，各种复合肥。近 10 年来施用的氮肥主要品种有氨水、碳酸氢铵、硫酸铵、尿素；磷肥主要有过磷酸钙、重过磷酸钙；复合肥主要有磷酸二铵、三料磷肥，N、P、K 各种复合肥、微肥等。

进入 20 世纪 80 年代，本县每亩施用氮肥量已达到 20 多千克，磷肥施用量达 10 千克/亩，但施用量不均匀。1999 年全县复合肥施用量突破 3 000 吨，微肥施用主要是锌肥、硼肥、钼肥，以三喷技术为主，全县施用量不超过 30 吨。

化肥在生产上的应用，促进了垣曲县种植业的快速发展，粮食作物和经济作物产量有了大幅度提高，对促进农业经济发展、农民增收起到了重要作用。化肥简单便捷速效，致使在农业生产上较多的重视了化肥施用，而轻视农家肥施用，从而形成了土壤有机质含量降低，土壤板结状况出现，也因此造成土壤中有些化学元素过量而造成土壤轻微的污染。

(二) 施肥对农田的影响

在农业增产的诸多措施中，施肥是最有效最重要的措施之一。无论施用化肥还是有机肥，都给土壤与作物带来大量的营养元素。特别是氮、磷、钾等化肥的施用，极大地增加了农作物的产量。可以说化肥的施用不仅是农业生产由传统向现代转变的标志，而且是农产品从数量和质量上提高和突破的根本。施肥能增加农作物产量，施肥能改善农产品品质，施肥能提高土壤肥力，改良土壤；合理施肥是农业减灾中一项重要措施，合理施肥可以改善环境、净化空气。施肥的种种功能已逐渐被世人认识。但是，由于肥料生产管理不善，施肥用量、施肥方法不当而造成土壤、空气、水质、农产品的污染也愈来愈引起人类的关注。

目前，肥料对农业环境的污染主要表现在 4 个方面：肥料对土壤的污染、肥料对空气的污染、肥料对水源的污染、肥料对农产品的污染。

1. 肥料对土壤的污染

(1) 肥料对土壤的化学污染：许多肥料的制作、合成均是由不同的化学反应而形成的，属于化学产品。它们的某些产品特性由生产工艺所决定，具有明显的化学特征，它们所造成的污染均为化学污染。如一些过酸、过碱、过盐、无机盐类，含有有毒有害矿物质制成的肥料，使用不当，极易造成土壤污染。

一些肥料本身含有放射性元素，如磷肥、含有稀土、生长激素的叶面肥料等，放射性元素含量如超过国家规定的标准不仅污染土壤，还会造成农产品污染，殃及人类健康。土壤被放射性物质污染后，通过放射性衰变，能产生 α、β、γ 射线。这些射线能穿透人体组织，使机体的一些组织细胞死亡。这些射线对机体既可造成外照射损伤，又可通过饮食或吸收进入人体，造成内照射损伤，使受害人头昏、疲乏无力、脱发、白细胞减少或增多、癌变等。

还有一些矿粉肥、矿渣肥、垃圾肥、叶面肥、专用肥、微肥等肥料中均不同程度地含有些有毒有害的物质，如常见的有砷、镉、铅、铬、汞等，俗称"五毒元素"，它们不仅在土壤环境中容易富集，而且还非常容易在植株体内、人体内造成积累，影响作物生长和人类健康。如土壤中汞含量过高，会抑制夏谷的生长发育，使其株高、叶面积、干物重及产量降低。这些肥料大量的施用会造成土壤耕地重金属的污染。土壤被有毒化学物质污染后，对人体所产生的影响大部分都是间接的，主要是通过农作物、地面水或地下水对人体产生负面影响。

（2）肥料对土壤的生物性污染：未经无害化处理的人畜粪尿、城市垃圾、食品工业废渣、污水污泥等有机废弃物制成的有机肥料或一些微生物肥料直接施入农田会使土壤受到病原体和杂菌的污染。这些病原体包括各种病毒、病菌、有害杂菌，甚至一些大肠杆菌、寄生虫卵等，它们在土壤中生存时间较长，如痢疾杆菌能在土壤中生存 22～142 天，结核杆菌能生存 1 年左右，蛔虫卵能生存 315～420 天，沙门氏菌能生存 35～70 天等。它们可以通过土壤进入植物体内，使植株产生病变，影响其正常生长或通过农产品进入人体，给人类健康造成危害。

还有一引起病毒性粪便是一些病虫害的诱发剂，如鸡粪直接施入土壤，极易诱发地老虎，进而造成对植物根系的破坏。此外，被有机废弃物污染的土壤，是蚊蝇滋生和鼠类系列的场所，不仅带来传染病，还能阻塞土壤孔隙，破坏土壤结构，影响土壤的自净能力，危害作物正常生长。

（3）肥料对土壤的物理污染：土壤的物理污染易被忽视。其实肥料对土壤的物理污染经常可见。如生活垃圾、建筑垃圾未经分筛处理或无害化处理制成的有机肥料中含有大量金属碎片、玻璃碎片、砖瓦水泥碎片、塑料薄膜、橡胶、废旧电池等不易腐烂物品，进入土壤后不仅影响土壤结构性、保水保肥性、土壤耕性，甚至使土壤质量下降、农产品产量锐减、品质下降，严重者使生态环境恶化。据统计，城市人均 1 天产生 1 千克左右的生活垃圾，这引起生活垃圾中有 1/3 物质不易腐烂，若将这些垃圾当作肥料直接施入土壤，那将是巨大的污染源。

2. 肥料对水体的污染　海洋赤潮，是当今国家研究的重大课题之一。国家环保局1999 年中国环境状况公告：我国近岸海域海水污染严重，1999 年中国海域共记录到 15 起赤潮。赤潮的频繁发生引起了政府与科学界的极大关注。赤潮的主要污染因子是无机氮和活性磷酸。氮、磷、碳、有机物是赤潮微生物的营养物质，为赤潮微生物的系列繁殖提供了物质基础。铁、锰等物质的加入又可以诱发赤潮微生物的繁殖。所以，施肥不当是加速这一过程的重要因素。

在肥料氮、磷、钾三要素中，磷、钾在土壤中极易被吸附或固定，而氮肥易被淋失。所以，施肥对水体的污染主要是氮肥的污染。地下水中硝态氮含量的提高与施肥有着密切关系。我国的地下水多数由地表水作为补给水源，地表水污染，势必会影响到地下水水质，地下水一旦受污染后，要恢复是十分困难的。

3. 施肥对大气的污染   施用化肥所造成的大气污染物主要有 NH_3、NO_x、CH_4、恶臭及重金属微粒、病菌等。在化肥中，气态氮肥碳酸氢铵中有氨的成分。氨是极易挥发的气态物质，喷施、撒施或覆土较浅时均易造成氨的挥发，从而造成空气中氨的污染。NH_3 受光照射或硝化作用生成 NO_x，NO_x 是光污染物质，其危害更为严重。

叶面肥和一些植物生长调节剂不同程度地含有一些重金属元素，如镉、铅、镍、铬、锰、汞、砷、氟等，虽然它们的浓度很低，通过喷施散发在大气中，直接造成大气的污染，危害人类。

有机肥或堆沤肥中的恶臭、病原微生物或者直接散发出让人头晕眼花的气体或附着在灰尘微粒上对空气造成污染。

这些大气污染物不仅对人体眼睛、皮肤有刺激作用，其臭味可引起感官性状的不良反应，还会降低大气能见度，减弱太阳辐射强度，破坏绿色，腐蚀建筑物，恶化居民生活环境，影响人体健康。

4. 施肥对农产品的污染   施肥对农产品的污染首先是表现在不合理施肥致使农产品品质下降，出口受阻，削弱了我国农产品在国际市场上的竞争力。被污染的农产品还会以食物链传递的形式危害人类健康。

近年来，随着化肥用量的逐年递增和不合理搭配，农产品品质普遍呈下降趋势。如粮食中重金属元素超标、瓜果的含糖量下降、苹果的苦痘病、番茄的脐腐病的发病率上升，棉麻纤维变短，蔬菜中硝酸盐、亚硝酸盐的污染日趋严重，食品的加工、储存性变差。

施肥对农产品污染的另一个表现是其对农产品生物特性的影响。肥料中的一些生物污染物在污染土壤、大气、水体的同时也会感染农作物，使农作物各种病虫害频繁发生，严重影响了农作物的正常生长发育，致使产量锐减品质下降。

从垣曲县目前施肥品种和数量来看，蔬菜生产上有施肥数量多、施肥比例不合理及不正确的施肥方式等问题，因而造成蔬菜品质下降、地下水水质变差、土壤质量变差等环境问题。

二、农药对农田的影响

（一）农药施用品种及数量

从农户调查情况看，垣曲县施用的农药主要有以下几个种类：有机磷类农药，平均亩施用量 42.6 克；氨基甲酸酯类农药，平均亩施用量 27.1 克；菊酯类农药，平均亩施用量 25.2 克；杀虫剂，平均亩施用量 80.3 克；除草剂，平均亩施用量 24.0 克。

（二）农药对农田质量的影响

农药是防治病虫害和控制杂草的重要手段，也是控制某些疾病的病媒昆虫（如蚊、蝇等）的重要药剂。但长期和大量使用农药，也造成了广泛的环境污染。农药污染对农田环境与人体健康的危害，已逐渐引起人们的重视。

当前使用的农药，按其作用来划分，有杀虫剂、杀菌剂和除草剂等，按其化学组成划分，有有机氯、有机磷、有机汞、有机砷和氨基甲酸酯等几大类。由于农药种类多，用量大，农药污染已成为环境污染的一个重要方面。

1. 对环境的污染　农药是一种微量的化学环境污染物，它的使用对空气、土壤和水体造成污染。

2. 对健康的危害　环境中的农药，可通过消化道、呼吸道和皮肤等途径进入人体，对人类健康产生各种危害。

3. 农药使用所造成的主要环境问题　垣曲县施用农药品种多、数量多，因而造成的环境问题也较多，归纳起来，主要有以下 5 种：

（1）农药施入大田后直接污染土壤，造成土壤农药残留物污染。

（2）造成地下水的污染。

（3）造成农产品质量降低。

（4）破坏大田内生态系统的稳定与平衡。

（5）对土壤微生物群落形成一定程度的抑制作用。

第六章 中低产田类型分布及改良利用

第一节 中低产田类型及分布

中低产田是指存在各种制约农业生产的土壤障碍因素，产量相对低而不稳定的耕地。

通过对全县耕地地力状况的调查，根据土壤主导障碍因素的改良主攻方向，依据中华人民共和国农业部发布的行业标准 NY/T310—1996，引用运城市耕地地力等级划分标准，结合实际进行分析，垣曲县中低产田包括如下 4 个类型：障碍层次型、干旱灌溉改良型、坡地梯改型、瘠薄培肥型。中低产田面积为 34.56 万亩，占总耕地面积的 87.6％。各类型面积情况统计见表 6-1。

表 6-1 垣曲县中低产田各类型面积情况统计

类 型	面积（万亩）	占总耕地面积（％）	占中低产田面积（％）
障碍层次型	3.19	8.09	9.23
坡地梯改型	11.47	29.08	33.19
干旱灌溉改良型	3.91	9.90	11.29
瘠薄培肥型	15.99	40.54	46.26
合 计	34.56	87.61	100

一、障碍层次型

障碍层次型是受成土母质、气候、地形条件限制而造成的障碍层次大，表层地质条件差，土壤侵蚀程度较高的低产田型，这一类型往往大多数分布在距村庄较远、交通不便的丘陵沟壑地带和山前洪积扇，干旱、缺水，土壤保水保肥能力差，土壤剖面呈层状或散状料姜或石砾障碍层，有的心底土中夹有料姜石砾层。耕层土壤黏重，有机质含量低，养分缺乏，特别是速效磷更为突出。

垣曲县障碍层次型中低产田面积为 3.20 万亩，占总耕地面积的 8.09％。主要分布在丘陵的中、上部，历山、古城、王茅、长直等乡（镇），海拔为 400～600 米。

二、坡地梯改型

坡地梯改型是指主导障碍因素为土壤侵蚀，以及与其相关的地形、地面坡度、土体厚度、土体构型与物质组成、耕作熟化层厚度与熟化程度等，需要通过修筑梯田埂等田间水保工程采取不同耕作制度加以改良治理的坡耕地。

由于垣曲县是一个山区县，特别的自然地理环境造就了耕种土壤坡地面积大，坡度大的特点，全县坡地梯改型中低产田面积为 11.47 万亩，占耕地总面积的 29.08％，将近 1/3，主要分布于南北两山前洪积扇上部和丘陵的中上部，海拔为 400～700 米，包括全县是 10 个乡（镇）。

三、干旱灌溉改良型

干旱灌溉改良型是指由于气候条件造成的降雨不足或季节性出现不均，又缺少必要的调蓄手段，以及地形、土壤性状等方面的原因，造成的保水蓄水能力的缺陷，不能满足作物正常生长所需的水分需求，但又具备水源开发条件，可以通过发展灌溉加以改良的耕地。

垣曲县灌溉改良型中低产田面积 3.91 万亩，占总耕地面积的 9.90％。主要分布于东西两垣的垣面和亳清、允西、板涧、西阳河流域。

四、瘠薄培肥型

瘠薄培肥型是指受气候、地形条件限制，造成干旱、缺水、土壤养分含量低、结构不良、投肥不足、产量低于当地高产农田，只能通过连年深耕、培肥土壤、改革耕作制度，推广旱农技术等长期性的措施逐步加以改良的耕地。

垣曲县瘠薄培肥型中低产田面积为 15.99 万亩，占总耕地面积的 40.54％。主要分布于南北两山中、下部和丘陵的中、上部，海拔为 500～600 米的地区，分布于全县各个乡（镇）。

第二节　生产性能及存在问题

一、障碍层次型

此类中低产田因地理位置和成土条件所制，一般地面坡度为 10°～15°，土壤侵蚀类型为褐土性土，土壤母质为红黄土质或红黄土状母质，耕层质地多为中壤、重壤，质地构型有壤夹黏、通体壤。有效土层厚度大于 150 厘米，耕层厚度 18～20 厘米，地力等级为 4～5 级，耕地土壤有机质含量为 15.01 克/千克，有效磷 8.86 毫克/千克，速效钾 155.90 毫克/千克。存在的主要问题：土壤保水保肥能力差，水土流失比较严重，土壤干旱贫瘠，生产能力很低。

二、坡地梯改型

该类型区地面坡度＞10°，以中度侵蚀为主，园田化水平较低，土壤类型为褐土性土，土壤母质为洪积和黄土质母质，耕层质地为轻壤、中壤，质地构型有通体壤、壤夹黏，有效土层厚度大于 150 厘米，耕层厚度 18～20 厘米，地力等级多为 4～5 级，耕地土壤有机质含量 16.36 克/千克，全氮 0.86 克/千克，有效磷 9.94 毫克/千克，速效钾 159.56

毫克/千克。存在的主要问题是土质粗劣，水土流失比较严重，土体发育微弱，土壤干旱瘠薄、耕层浅。

三、干旱灌溉改良型

亳清河、允西河、板涧河、西阳河沿岸的一级、二级阶地区灌溉改良型中低产田，和东西两垣灌区部分中低产田，土壤耕性良好，宜耕期长，保水保肥性能较好。土壤类型为石灰性褐土，土壤母质为黄土状，地面坡度 0°～9°，园田化水平较高，有效土层厚度＞150 厘米。耕层厚度 23 厘米，地力等级为 3～5 级。存在的主要问题是地下水源缺乏，水利条件差，灌溉保证率＜60％。

东西两垣灌区部分中低产田，土壤质地良好，表土层多为中壤，心土层多为中、重壤，易耕种，宜耕期长，保水保肥性强。土壤类型为石灰性褐土，母质为黄土状。园田化水平高，有效土层厚度 150 厘米。耕层厚度 25 厘米，地力等级为 3～4 级。主要问题是干旱缺水，水利条件差，灌溉率＜60％，施肥水平低，管理粗放，产量不高。

干旱灌溉改良型土壤有机质含量 16.64 克/千克，全氮 0.87 克/千克，有效磷 10.19 毫克/千克，速效钾 159.84 毫克/千克。

四、瘠薄培肥型

该类型区域土壤轻度侵蚀或中度侵蚀，多数为旱耕地，高水平梯田和缓坡梯田居多，土壤类型是褐土性土，各种地形、各种质地均有，有效土层厚度＞150 厘米，耕层厚度 22 厘米，地力等级为 2～4 级，耕层养分含量有机质 19.53 克/千克，全氮 0.948 克/千克，有效磷 21.47 毫克/千克，速效钾 236.10 毫克/千克。存在的主要问题是田面不平，水土流失严重，干旱缺水，土质粗劣，肥力较差。

垣曲县中低产田各类型土壤养分含量平均值情况统计见表 6-2。

表 6-2 垣曲县中低产田各类型土壤养分含量平均值情况统计

类 型	有机质（克/千克）	全 氮（克/千克）	有效磷（毫克/千克）	速效钾（毫克/千克）
坡地梯改型	16.36	0.86	9.94	159.56
干旱灌溉改良型	16.65	0.87	10.19	159.84
瘠薄培肥型	16.46	0.85	10.20	160.61
障碍层次型	15.01	0.81	8.86	155.90

第三节　改良利用措施

垣曲县中低产田面积 34.56 万亩，占现有耕地面积的 87.6％。严重影响全县农业生产的发展和农业经济效益，应因地制宜进行改良。

总体上讲，中低产田的改良、耕作、培肥是一项长期而艰巨的任务。通过工程、生物、农艺、化学等综合措施，消除或减轻中低产田土壤限制农业产量提高的各种障碍因素，提高耕地基础地力，其中耕作培肥对中低产田的改良效果是极其显著的。具体措施如下：

1. 施有机肥　增施有机肥，增加土壤有机质含量，改善土壤理化性状并为作物生长提供部分营养物质。据调查，有机肥的施用量达到每年 2 000～3 000 千克/亩，连续施用 3 年，可获得理想效果。主要通过秸秆还田和施用堆肥、厩肥、人粪尿及禽畜粪便来实现。

2. 校正施肥　依据当地土壤实际情况和作物需肥规律选用合理配比，有效控制化肥不合理施用对土壤性状的影响，达到提高农产品品质的目的。

（1）巧施氮肥：速效性氮肥极易分解，通常施入土壤中的氮素化肥的利用率只有25％～50％，或者更低。这说明施入土壤中的氮素，挥发渗漏损失严重。所以，在施用氮素化肥时，一定注意施肥方法施肥量和施肥时期，提高氮肥利用率，减少损失。

（2）重施磷肥：本区地处黄土高原，属石灰性土壤。土壤中的磷常被固定，而不能发挥肥效。加上部分群众重氮轻磷，作物吸收的磷得不到及时补充。试验证明，在缺磷土壤上增施肥磷增产效果明显。可以增施人粪尿与骡马粪堆沤肥，其中的有机酸和腐殖酸能促进非水溶性磷的溶解，提高磷素的活力。

（3）因地施用钾肥：本区土壤中钾的含量虽然在短期内不会成为限制农业生产的主要因素，但随着农业生产进一步发展和作物产量的不断提高，土壤中的有效钾的含量也会处于不足状态。所以，在生产中，应定期监测土壤中钾的动态变化，及时补充钾素。

（4）重视施用微肥：作物对微量元素肥料需要量虽然很小，但能提高产品产量和品质，有其他大量元素不可替代的作用。据调查，全县土壤硼、锌、锰、铁等含量均不高，近年来棉花施硼，玉米、小麦施锌试验，增产效果均很明显。

然而，不同的中低产田类型有其自身的特点，在改良利用中应针对这些特点，采取相应的措施，现分述如下：

一、障碍层次型中低产田的改良利用

障碍层次型中低产田的改良应从工程、耕作技术、生态综合技术等方面进行综合治理。

1. 工程措施　垣曲障碍层次中低产田主要是耕层砾石、料姜石含量过大，因此采用"蓄水覆盖丰产沟"技术，将表层土壤集中于沟里，深层土壤集中垄上，达到一举两得，同时拣去砾石和料姜，实行秸秆还田，种植绿肥、增施有机肥，农家肥，加强科学施肥、熟化、肥沃耕层土壤，坚持3年，障碍层就可全消失。从而彻底改变低产现状。

2. 完善耕作改良技术　通过深翻等耕作技术，人工拣去大砾石和料姜，有条件的地方可利用洪水淤泥，加厚活土层。

3. 利用生态综合技术　在此类中低产田种植核桃、花椒等干果，采取条带栽植技术，同时实行修整梯田、田边打埝、在沟边、田埂种植耐寒、耐瘠牧草，农、果、牧结合，提高中低产田的综合生产能力。

二、坡地梯改型中低产田的改良利用

1. 梯田工程　此类地形区的深厚黄土层为修建水平梯田创造了条件。梯田可以减少坡长，使地面平整，变降雨的坡面径流为垂直入渗，防止水土流失，增强土壤水分储备和抗旱能力，可采用缓坡修梯田，陡坡种林草，增加地面覆盖度。

2. 增加梯田土层及耕作熟化层厚度　新建梯田的土层厚度相对较薄，耕作熟化程度较低。梯田土层厚度及耕作熟化层厚度的增加是这类田地改良的关键。梯田土层厚度的一般标准为：土层厚大于 80 厘米，耕作熟化层大于 20 厘米，有条件的应达到土层厚大于 100 厘米，耕作熟化层厚度大于 25 厘米。

3. 农、林、牧并重　此类耕地今后的利用方向应是农、林、牧并重，因地制宜，全面发展。此类耕地应发展种草、植树，扩大林地和草地面积，促进养殖业发展，将生态效益和经济效益结合起来，大力发展干果经济林建设，实行农（果）林复合农业。特别是要培养一批成功的复合型生态典型，通过栽植核桃树，树间种草或种植牧草、树下养鸡或建设大畜、生猪、家鸡等养殖场，形成不断培肥地力，增强耕地产出，提高农民收入水平的良性循环。逐步在全县大面积推广。

三、干旱灌溉改良型中低产田的改良利用

1. 水源开发及调蓄工程　干旱灌溉型中低产田地处位置，具备水资源开发条件。在这类地区增加适当数量的大口井、深井、修筑一定数量的调水、蓄水工程，以保证一年一熟地浇水 3～4 次，毛灌定额为 300～400 立方米/亩，一年两熟地浇水 4～5 次，毛灌定额为 400～500 立方米/亩。

2. 田间工程及平整土地　一是平田整地采取小畦浇灌，节约用水，扩大浇水面积；二是积极发展管灌、滴灌，提高水的利用率；三是二级阶地除适量增加深井外，要进一步修复和提高电灌的潜力，扩大灌溉面积。东西两垣要充分发挥后河水库的灌溉作用，可采取多种措施，增加灌溉面积。

四、瘠薄培肥型中低产田的改良利用

1. 平整土地与梯田建设　将平坦垣面及缓坡地规划成梯田，平整土地，以蓄水保墒。有条件的地方，开发利用地下水资源和引水上垣，逐步扩大垣面水浇地面积。通过水土保持和提高水资源开发水平，发展粮果生产。

2. 实行水保耕作法　在平川区推广地膜覆盖、生物覆盖等旱农技术；山地、丘陵推广丰产沟田或者其他高秆作物及种植制度和地膜覆盖、生物覆盖等旱农技术，有效保持土壤水分，满足作物需求，提高作物产量。

3. 大力兴建林带植被　因地制宜地造林，特别是在中低山丘陵区大力栽植以核桃为主的干果林、种草与农作物种植有效结合，兼顾生态效益和经济效益，发展复合农业。

第七章 干果土壤质量状况及培肥对策

第一节 果园土壤质量状况

一、立地条件

垣曲县以核桃、花椒为主的干果经济林截至 2012 年，全县已发展 15 万亩。其中核桃 13.9 万亩，花椒 1.1 万亩，全县 11 个乡（镇）中有万亩经济林的达 6 个，8 000 亩的 4 个，全县 188 个行政村中 186 个种植核桃、花椒，千亩以上的村达 65 个。本县果园主要分布于浅山和丘陵地带。受暖温带半干旱大陆性季风气候的影响，春季温暖干旱，有利于土壤矿物质的氧化与聚集。夏季高温多雨，土壤矿物质的分解与合成旺盛。秋季气温下降，冬季寒冷干燥。年平均气温 13.3℃，≥0℃积温为 4 899.0℃，降水量为 640.2 毫米。

垣曲县果区大部分处于丘陵山区，在季节性降雨淋溶作用下，土壤中黏粒和碳酸钙淋溶淀积，土体中产生明显的黏化层和钙积层，土壤多为石灰性褐土和潮土。质地多为壤质土，土体结构良好，剖面中有 $CaCO_3$ 积聚，pH 一般为 7.34～8.44。

成土母质主要有：①黄河北岸、亳清、允西、板涧、西阳等河流域流域两岸河滩及冲击母质；②二级阶地以上丘陵等部位：红黄土母质，黄土覆盖深厚；③红黏土分布在古城、皋落、同善等乡（镇），丘陵沟壑、山地中下部一带，为第四纪 Q3 马兰黄土。

垣曲县地下水资源丰富，但开发比较困难，灌溉成本较高。

垣曲县太阳能日照时数为 2 150 小时，日照面积率 49%，日照日数较长，昼夜温差较大，有利于提高果实品质。

二、养分状况

干果土壤的养分状况直接影响果品的品质和产量，从而对果农收入造成一定的影响，果园土壤养分含量在果树生长发育过程中，有着重要的作用。对全县果园土壤采样点的土壤养分进行了分析（由于果用耕作管理，具有其自身的特殊性，在采样时尽量避开施肥区域），从分析结果可知，全县果园土壤总体养分含量中等偏下，土壤有机质含量属三级水平，全氮含量属四级水平，有效磷和速效钾含量相对较高，均属于二级水平，具体如下：

（一）不同行政区域果园土壤养分状况

由于地理位置、环境条件、耕作方式和管理水平的不同，各行政区域果园土壤养分测定差异很大，见表 7-1。

从养分测定结果看，垣曲县果园土壤有机质平均含量为 16.2 克/千克，属二级水平；全氮平均含量为 0.85 克/千克，属四级水平，因此均属中等水平；速效钾平均含量为 157.68 毫克/千克，属省二级水平；有效磷为 9.09 毫克/千克，属省二级水平。微量元素中，有效铜为 1.60 毫克/千克，有效锌为 1.33 毫克/千克，均较丰富，有效铁、锰、硼含量分别为 7.14 毫克/千克、12.60 毫克/千克、0.40 毫克/千克，均属一般偏低水平。垣曲县果园土壤 pH 平均为 8.37，偏碱。

表 7-1　不同行政区域果园土壤主要养分及 pH 结果统计

乡（镇）	有机质 （克/千克）	全氮 （克/千克）	有效磷 （毫克/千克）	速效钾 （毫克/千克）	pH
新城镇	20.14	0.94	12.24	168.15	8.12
历山镇	19.38	0.86	11.30	174.09	8.06
古城镇	14.83	0.9	10.31	153.24	8.25
王茅镇	17.01	0.83	9.65	176.57	8.17
毛家镇	17.64	0.9	11.43	157.83	8.00
蒲掌乡	17.22	0.85	10.48	147.72	8.14
英言乡	15.55	0.83	9.25	153.48	8.20
解峪乡	15.04	0.80	11.00	175.37	8.10
华峰乡	15.29	0.79	8.58	153.73	8.11
长直乡	14.33	0.73	8.82	161.40	8.24
皋落乡	16.01	0.83	9.31	146.33	8.11

从测定结果看，垣曲县果园土壤有机质含量中等，长直乡有机质平均含量为 14.33 克/千克，属于较低含量；全县有效磷平均含量为 9.18 毫克/千克，含量偏低，但两极分化严重，此外，全县果园土壤平均 pH 达到 8.15，说明偏碱。

（二）不同地形部位的土壤养分状况

从不同地形部位统计结果看，河流冲积平原边缘地带有机质含量最高，测定值为 20.41 克/千克，其次低山丘陵坡地，为 18.29 克/千克，河流一级、二级阶地最低，为 15.35 克/千克；全氮含量河流冲积边缘地带为 1.02 克/千克、最高，一级、二级阶地与低山丘陵坡地中等，均为 0.87 克/千克，河流冲积平原的河漫滩最低，为 0.82 克/千克；有效磷含量低山丘陵坡地最高，其测定值为 12.47 毫克/千克；速效钾河流冲积平原边缘地带最高，其测定值为 183.81 毫克/千克；pH 各地差异不大，总体偏碱性。见表 7-2。

表 7-2　不同地形部位土壤主要养分状况

地形部位	有机质 （克/千克）	全氮 （克/千克）	有效磷 （毫克/千克）	速效钾 （毫克/千克）	pH
低山丘陵坡地	18.29	0.87	12.47	164.16	7.93
河流冲积平原边缘地带	20.41	1.02	9.53	183.81	8.16
河流冲积平原的河漫滩	16.53	0.82	11.04	148.97	8.18
河流一级、二级阶地	15.35	0.87	10.29	155.76	8.20
黄土垣、梁	16.46	0.85	9.69	155.67	8.12
山地丘陵中、下部缓坡	16.06	0.85	9.63	159.57	8.17

（三）不同地貌类型土壤养分状况

不同地貌类型土壤养分状况见到表7-3，从表中可以看出，有机质以及有效磷、速效钾以平原果区含量较高。全氮在丘陵和平原果区含量差异不大。丘陵果区土壤 pH 略与平原果区 pH 相等，总体偏低。

表7-3 不同地貌类型土壤主要养分状况

地形类型	有机质 （克/千克）	全氮 （克/千克）	有效磷 （毫克/千克）	速效钾 （毫克/千克）	pH
山地丘陵	14.94	0.82	8.82	165.00	8.14
河漫滩	16.68	0.92	10.10	171.00	8.20
垣坪	14.63	0.79	8.20	161.00	8.14

（四）不同土壤类型土壤养分含量状况

垣曲县主要有潮土、脱潮土、石灰性褐土、褐土性土四大主要土类。从其养分状况看，有机质、全氮含量以脱潮土最高，有效磷以潮土性最高，速效钾以褐土性土为最高，见表7-4。

表7-4 不同土壤类型土壤主要养分含量状况

土壤亚类	有机质 （克/千克）	全氮 （克/千克）	有效磷 （毫克/千克）	速效钾 （毫克/千克）	pH
冲积潮土	17.41	0.90	10.62	164.67	8.2
沟淤褐土性土	14.13	0.80	8.49	154.90	8.1
硅铝质淋溶褐土	20.09	0.97	13.05	156.23	8.0
硅质淋溶褐土	17.00	0.86	10.79	157.54	8.0
硅质中性粗骨土	17.14	0.90	10.48	157.74	8.1
硅质棕壤性土	14.17	0.79	12.06	161.07	8.1
红黄土质褐土性土	15.66	0.84	9.40	158.34	8.1
红黄土质淋溶褐土	24.87	0.92	14.41	183.15	7.9
红黄土质棕壤	30.43	0.98	22.19	185.62	7.5
红黏土	16.55	0.86	10.08	160.40	8.1
黄土状褐土性土	15.56	0.83	9.47	157.46	8.2
黄土状潮褐土	16.67	0.83	13.46	121.69	8.2
黄土状褐土性土	16.31	0.83	10.03	162.31	8.2
黄土状石灰性褐土	16.78	0.87	9.88	161.21	8.2
灰泥质褐土性土	16.39	0.86	11.18	172.90	8.2
沙泥质褐土性土	16.80	0.86	10.78	156.26	8.1
沙泥质淋溶褐土	19.04	0.88	13.25	156.26	7.9
沙泥质中性粗骨土	18.74	0.92	10.40	161.83	8.1
沙泥质棕壤性土	17.79	0.95	10.52	138.57	8.0

三、质量状况

垣曲县果园土壤主要是红黄土质褐土性土或山地褐土、红黏土质、褐土性土或红黏土质山地褐土。土壤质地以壤土为主，也有部分黏壤质土和沙壤土。土壤表层疏松底层紧实，孔隙度较好，土壤含水量适中，土体较湿润。通体石灰反应较为强烈，呈微碱性。土壤耕性较好，保肥保水性能适中，肥力水平相对较好。

据对垣曲县果园土壤点的养分含量分析显示，有机质含量为 7.10～24.12 克/千克，属 2～5 级，差别较大，全氮含量为 0.38～1.20 克/千克，属 3～6 级，含量较低，有效磷各点差异较大，速效钾含量相对较高，大部分果园土壤不缺钾。灌溉条件较好，但缺乏合理灌溉。果农技术相对较低，耕作管理的比较粗放。

根据对全县果园土壤点的环境质量调查发现，常年使用农药、化肥，经各种途径进入土壤，虽然土壤的各项污染因素均不超标，但存在潜在的威胁，要引起注意。

四、生产管理状况

（一）施肥情况

提高水果产量、质量，培肥果园土壤，施肥是关键。经过对垣曲县果园土壤养分基本情况的调查显示，施有机肥的占 67%，其中有机、无机肥配合施用的占 62%；单施无机化肥的占 20%，但是没有单施有机肥和不施任何肥料的。平均施用有机肥 1 550 千克/亩，平均施用纯氮 14 千克/亩，平均施用五氧化二磷 19.50 千克/亩，平均施用氧化钾 11.2 千克/亩。不同区域施肥情况有所不同。

（二）灌溉耕作管理情况

培肥果园土壤、灌溉耕作管理措施也是不可缺少的环节。

果园土壤有灌溉条件，其灌溉方式一般均为漫灌。

五、主要存在问题

经调查发现，垣曲县果树土壤在施肥和耕作方面有许多不足，主要存在问题如下：

1. 不重视有机肥的施用　由于化肥的快速发展，牲畜饲养量的减少，在优质有机肥先满足瓜菜等作物的情况下，果树施用的有机肥严重不足。据调查，垣曲县果园土壤平均亩施有机肥为 1 550 千克，优质有机肥的施用量则更少。虽然近 2 年加大了秸秆的还田量，但在部分地区仍未得到重视，再加之其肥效缓慢，仍不能满足果树生长的需要。有机肥的增施可以提高土壤的团粒性能，改善土壤的通气透水性，保水、保肥和供肥性能。根据调查情况可以看出，不施用或施用较少有机肥的果园，土壤板结，果色、果味都相对较差，甚至出现果树病害。

2. 化肥施用配比不当　由于果农对化肥及有机肥的了解不够，以致出现了盲目施肥现象。调查中发现，施肥中的氮、磷、钾等养分比例不当。根据果树的需肥规律，每生产

50千克果实需要氮磷钾配比分别为：苹果1：（0.3～0.5）：（1～1.3）；梨1：（0.7～1.3）：（0.9～1.2），而调查结果N：P_2O_5：K_2O为1：1：0.5，而部分果园的施用配比更不科学，而且有不少肥料浪费现象。

3. 微量元素肥料施用量不足 调查发现，在果园微量元素肥料的施用上，施用面积和施用量都少。而且施用时期掌握不好，往往是在出现病症后补施，或是在防治病虫害过程中，施用掺杂有微量元素的复合农药剂。此外，由于氮磷等元素的盲目施用，致使土壤中元素间拮抗现象增强，影响微量元素的有效性。

4. 灌溉耕作管理缺乏科学合理性 由于果农的果业技术素质比较低，对科学管理重视不够，在灌溉耕作方面的科学合理性严重缺乏。灌溉时间不合理，往往是在土壤严重缺水时才灌溉。灌溉量不科学，有的果园水量不足，有的则过量灌水，造成资源浪费。耕作上改善土壤理化性状和土壤的保水保肥性能方面缺乏有效措施。

第二节 果园土壤培肥

根据当地立地条件，果园土壤养分状况分析结果，按照果树的需肥规律和土壤改良原则，结合今后果业发展方向以及市场对果品质量的高标准要求，建议培土措施如下：

一、增施土壤有机肥，尤其是优质有机肥

一个优质果园要求土壤有机质含量为15克/千克以上，垣曲县大多数果园土壤有机肥含量为15克/千克左右，甚至略高，有利于垣曲县干果质量和经济效益的提高。由于果农习惯速效性化肥的使用，而不重视有机肥的使用，常会造成树体虚，单产低，品质差。所以，应增加有机肥的使用量。一般果园每年每亩应施优质有机肥2 500千克左右，低产果园或高产果园以及土壤有机质含量低于15.0克/千克的果园，每年应亩施优质有机肥为3 000～5 000kg。在施用有机肥的同时，配以适量氮磷肥，效果更佳，一方面减少磷素被土壤的固定；另一方面促进有机肥中各养分的转化，以满足果树生长的需求，提高果园土壤养分储量，促进果园土壤肥力可持续发展。积极推广果园行间沟埋农作物秸秆培肥技术，提高土壤有机质含量。除此之外，提倡果农走种养结合的道路，在果树行种草，一年内刈割2～3次，覆盖于树盘或树行内，或作为饲料养家畜，家畜制造优质有机肥，这样既能提高土壤肥力，又能增加养殖业效益。特别是有机质、全氮含量较低的地区和高产果园一定要在重视有机肥投入的同时，搞好生物覆盖，适宜本县果园种植的草种有鸭茅草、百脉根、白三叶等。

二、合理调整化肥施用比例和用量

根据果园土壤养分状况、施肥状况、果园施肥与土壤养分的关系，以及果园土壤培肥试验结果，结合果树施肥规律，提出相应的施肥比例和用量，以干果为例，一般条件下，20～30年生，株产225千克果实的果树，每年从土壤中吸收纯氮498.6克、磷38.25克、钾

728.55 克。可以看出，盛果期果树年生产 50 千克果实，一般一年从土壤中吸收纯氮102.9～110.8 克、磷 8.5～17.03 克、钾 114.56～161.9 克。试验证明，盛果期大树每生产 50 千克果实，施氮 560 克、磷 240 克、钾 500 克，可以保持高产、稳产。中低山区和丘陵区应在加强氮磷钾合理配比的基础上，重视微量元素肥料的合理施用，特别是锌肥的使用。

三、增施微量元素肥料

果园土壤微量元素含量居中等水平，再加上土壤中各元素间的拮抗作用，在果树生产中存在微量元素缺乏症状。所以，高产果园以及土壤中微量元素较低的果园要在合理施用大量元素肥料的同时，注意施用微量元素肥料，一般果园以喷施为主，高产果园最好 2 年或 3 年每亩底施硼肥或锌肥 1.5～2.0 千克，同时在果树生产期喷施氨基酸类叶面肥，以提高果树的抗逆性能，改善果实品质，提高果实产量。注意叶面喷施不能代替土壤施肥，只是土壤施肥的辅助措施。

四、合理的施肥方法和施肥时期

果园土壤施肥应根据果树的生长特点、需肥规律及各种肥料的特性，确定合适的施肥时期和方法。果园土壤的施肥分基肥、追肥和根外追肥 3 种方式。基肥以有机肥为主，一般包括腐殖酸类肥料、堆肥、厩肥、圈肥、秸秆肥等，根据经验，基肥以秋施为好，早秋施比晚秋或初冬施为好，这样有利于果树对肥料养分的吸收，基肥发挥肥效平稳而缓慢。追肥是果树需肥的必要补充，追肥以化肥为主，肥效迅速，追肥主要在萌芽期、花后、果实膨大和花芽分花期及果实膨大后期等时期。然而追肥次数不能过多，否则将造成肥料浪费。根外追肥是微量元素肥料施用的主要方法。根外追肥要慎重选用适当的肥料种类、浓度和喷施时间，以免肥害。喷施时间最好选择在阴天或晴天早晨或傍晚，应注意：①肥料应施在根系密集层，否则根系不能正常吸收养分；②旱地果树施用化肥，不能过于集中，以免根害；③氮肥应分别在果树生长的萌芽、果实膨大期和秋梢停止生长以后施入土壤，最好与灌水相结合，防止氮素损失。

五、科学的灌溉和耕作管理措施

果园灌水要根据果树一年中各物候时期生理活动对水分的要求、气候特点和土壤水分的变化情况而定，果园灌水一般在萌芽至花前、春梢生长期、果实膨大期和灌越冬期水。灌水量不宜过大或过小，一般以田间最大持水量的 60% 作为灌溉指标。适宜的灌水量，不仅能提高果实产量和品质，而且可以改善土壤的通气透水性，可以促进土壤养分的有效化，也可改善土壤理化性状。

果园土壤的耕作，应注意耕翻和中耕除草，深耕可以改善根系分布层土壤的结构和理化性状，促进团粒结构的形成，降低土壤容重，增加孔隙度，提高土壤蓄水保肥能力和透气性，中耕的主要目的在于清除杂草，保持土壤疏松，减少水分、养分的散失和消耗。

第八章 耕地地力调查与质量评价的应用研究

第一节 耕地资源合理配置研究

一、耕地数量平衡与人口发展配置研究

垣曲县是运城市国土面积最大的县，但耕地却是面积最小的县，耕地面积占到国土面积的16%。而且，山地、丘陵面积大，耕地质量差，耕地生产能力不高。2011年全县耕地面积39.4亩，全县总人口达23万，人均耕地1.7亩。从耕地保护形势看，由于全县农业内部产业结构调整，退耕还林，小浪底库区移民和扶贫移民搬迁，山庄撂荒、公路、乡镇企业基础设施等非农建设占用耕地，导致耕地面积逐年减少，由1985年的49万亩下降到2011年的39.4万亩，而人口却由1985年的19万人增加到2011年的23万人，人地矛盾将出现严重危机。从垣曲县人民的生存和全县经济可持续发展的高度出发，采取措施，实现全县耕地总量动态平衡刻不容缓。

实际上，垣曲县扩大耕地总量仍有很大潜力，只要合理安排，科学规划，集约利用，就完全可以兼顾耕地与建设用地的要求，实现社会经济的全面、持续发展；从控制人口增长，村级内部改造和居民点调整，退宅还田，开发复垦土地后备资源和废弃地等方面着手增大耕地面积。

二、耕地地力与粮食生产能力分析

（一）耕地粮食生产能力

耕地生产能力是决定粮食产量的决定因素之一。近年来，由于种植结构调整和建设用地，退耕还林还草等因素的影响，粮食播种面积在不断减少，而人口在不断增加，对粮食的需求量也在增加。保证全县粮食需求，挖掘耕地生产潜力已成为农业生产中的大事。

耕地的生产能力是由土壤本身肥力作用所决定的，其生产能力分为现实生产能力和潜在生产能力。

1. 现实生产能力 垣曲县现有耕地面积为39.4万亩（包括已退耕还林及园林面积），而中低产田就有34.56万亩之多，占总耕地面积的87.6%，而且大部分为旱地、沟坡地。这必然造成全县现实生产能力偏低的现状。再加之农民对施肥，特别是有机肥的忽视，以及耕作管理措施的粗放，这都是造成耕地现实生产能力不高的原因。2011年，全县粮食播种面积为40.08万亩，粮食总产量为11.34万吨，亩产约278千克；油料作物播种面积

为 1.2 万亩，总产量为 453.5 吨，亩产约 40 千克；蔬菜面积为 0.5 万亩，总产量为 4.13 万吨，亩产为 3 409 千克（表 8 - 1）。

表 8 - 1　垣曲县 2005 年粮食产量统计

	总产量（万吨）	平均单产（千克）
粮食总产量	11.34	278
小　麦	5.75	150
玉　米	5.14	321
豆　类	0.23	72
其　他	0.45	—
蔬　菜	4.13	3 409

目前，垣曲县土壤有机质含量平均为 15.99 克/千克，全氮平均含量为 0.84 克/千克，有效磷含量平均为 9.99 毫克/千克，速效钾平均含量为 157.71 毫克/千克。

垣曲县耕地总面积 39.4 万亩（包括退耕还林及园林面积），其中水浇地 8.52 万亩，占耕地总面积的 21.60%；旱地 30.93 万亩，占耕地总面积的 78.40%；中低产田 34.56 万亩，占耕地总面积的 87.60%，灌溉条件较差，总水量的供需不够平衡。

2. 潜在生产能力　生产潜力是指在正常的社会秩序和经济秩序下所能达到的最大产量。从历史的角度和长期的利益来看，耕地的生产潜力是比粮食产量更为重要的粮食安全因素。

垣曲县是自给自足的粮、棉生产县，土地资源较为丰富，土质较好，光热资源充足。全县现有耕地中，一级、二级、三级地 22.08 万亩，占总耕地面积的 55.97%，其亩产大于 450 千克；低于三级，即亩产量小于 400 千克的耕地为 17.37 万亩，占耕地面积的 44.03%。经过对全县地力等级的评价得出，39.4 万亩耕地以全部种植粮食作物计，其粮食最大生产能力为 15 147 万千克，平均单产可达 383.9 千克，全县耕地仍有很大生产潜力可挖。

纵观垣曲县近年来的粮食、油料作物、蔬菜的平均亩产量和全县农民对耕地的经营状况，全县耕地还有巨大的生产潜力可挖。如果在农业生产中加大有机肥的投入，采取平衡施肥措施和科学合理的耕作技术，全县耕地的生产能力还可以提高。从近几年全区对小麦、棉花、玉米平衡施肥观察点经济效益的对比来看，平衡施肥区较习惯施肥区的增产率都在 20% 左右，甚至更高。如果能进一步提高农业投入比重，提高劳动者素质，下大力气加强农业基础建设，特别是农田水利建设，稳步提高耕地综合生产能力和产出能力，实现农林牧的结合就能增加农民经济收入。

（二）不同时期人口、食品构成粮食需求分析预测

农业是国民经济的基础，粮食是关系国计民生和国家自立与安全的特殊产品。从新中国成立初期到现在，全县人口数量、食品构成和粮食需求都在发生着巨大变化。新中国成立初期居民食品构成主要以粮食为主，也有少量的肉类食品，水果、蔬菜的比重很小。随着社会进步，生产的发展，人民生活水平逐步提高。到 20 世纪 80 年代初，居民食品构成依然以粮食为主，但肉类、禽类、油料、水果、蔬菜等的比重均有了较大提高。到2011年，全县人口增至23万，居民食品构成中，粮食所占比重有明显下降，肉类、禽蛋、水产品、豆制品、油料、水果、蔬菜、食糖却都占有相当比重。另外，随着肉、蛋、奶需求量的增加，饲料用粮在逐年增加。

垣曲县粮食人均需求按国际通用粮食安全400千克计，全县人口自然增长率以5.5‰计，到2015年，共有人口33.46万人，全县粮食需求总量预计将达13.77万吨。因此，人口的增加对粮食的需求产生了极大的影响，也造成了一定的危险。

垣曲县粮食生产还存在着巨大的增长潜力。随着资本、技术、劳动投入、政策、制度等条件的逐步完善，全县粮食的产出与需求平衡，终将成为现实。

（三）粮食安全警戒线

粮食是人类生存和社会发展最重要的产品，是具有战略意义的特殊商品，粮食安全不仅是国民经济持续健康发展的基础，也是社会安定、国家安全的重要组成部分。2012年的世界粮食危机已给一些国家经济发展和社会安定造成一定不良影响，近年来，随着农资价格上涨，种粮效益低等因素影响，农民种粮积极性不高，全县粮食单产徘徊不前。所以，必须对全县的粮食安全问题给予高度重视。

2011年，垣曲县的人均粮食占有量为332千克，而当前国际公认的粮食安全警戒线标准为年人均400千克。相比之下，两者的差距值得深思。

三、耕地资源合理配置意见

在确保粮食生产安全的前提下，优化耕地资源利用结构，合理配置其他作物占地比例。为确保粮食安全需要，对全县耕地资源进行如下配置：全县现有39.4万亩耕地中，其中25万亩用于种植粮食，以满足全县人口粮食需求，其余14.45万亩耕地用于干果、蔬菜、棉花、中药材、烟草、油料等作物生产，其中一部分为粮果、经果间作，其中瓜菜地2.3万亩，占用耕地面积5.83％；烟叶占地0.73万亩，占用1.8％；果品占地12万亩，占用30.45％；棉花占地0.83万亩，占用2.10％；薯类占地1.20万亩，占用3.04％；豆类作物占地2.00万亩。

根据《土地管理法》和《基本农田保护条例》划定全县基本农田保护区，将水利条件、土壤肥力条件好，自然生态条件适宜的耕地划为口粮和商品粮生产基地，长期不许占用。在耕地资源利用上，必须坚持基本农田总量平衡的原则。一是建立完善的基本农田保护制度，用法律保护耕地；二是明确各级政府在基本农田保护中的责任，严控占用保护区内耕地，严格控制城乡建设用地；三是实行基本农田损失补偿制度，实行谁占用、谁补偿的原则；四是建立监督检查制度，严厉打击无证经营和乱占耕地的单位和个人；五是建立基本农田保护基金，县政府每年投入一定资金用于基本农田建设，大力挖潜存量土地；六是合理调整用地结构，用市场经营利益导向调控耕地。

同时，在耕地资源配置上，要以粮食生产安全为前提，以农业增效、农民增收的目标，逐步提高耕地质量，调整种植业结构推广优质农产品，应用优质高效，生态安全栽培技术，提高耕地利用率。

第二节　耕地地力建设与土壤改良利用对策

一、耕地地力现状及特点

耕地质量包括耕地地力和土壤环境质量两个方面，此次调查与评价共涉及耕地土壤点位 3 600 个。经过历时 2 年的调查分析，基本查清了全区耕地地力现状与特点。

通过对垣曲县土壤养分含量的分析得知：全县土壤以壤质土为主，有机质平均含量为 15.99 克/千克，属省二级水平；全氮平均含量为 0.84 克/千克，属省四级水平；有效磷含量平均为 9.99 毫克/千克，属省五级水平；速效钾含量为 157.71 毫克/千克，属省二级水平。中微量元素养分含量锌、铜较高，除铁属于五级外，其余均属四级水平。

（一）耕地土壤养分含量不断提高

耕地土壤：从这次调查结果看，全县耕地土壤有机质含量为 15.99 克/千克，属省三级水平，与第二次土壤普查的 11.03 克/千克相比提高了 5.96 克/千克；全氮平均含量为 0.84 克/千克，属省四级水平，与第二次土壤普查的 0.64 克/千克相比提高了 0.20 克/千克；有效磷平均含量 9.99 毫克/千克，属省五级水平，与第二次土壤普查的 4.4 毫克/千克相比提高了 5.59 毫克/千克；速效钾平均含量为 157.71 毫克/千克，属省三级水平，与第二次土壤普查的平均含量 117.8 毫克/千克相比提高了 39.91 毫克/千克。中微量元素养分含量锌、铜较高，除铁属于省五级外，其余属四级水平。

（二）土壤质地好

据调查，垣曲县的水浇地一类，主要分布在 5 条河流域及东西两垣，后河水库灌区耕地，毫清河、允西河、西阳河、板涧河、五福涧河 5 条河流两岸、黄河北岸的一级、二级阶地及东西两垣，其地势平坦，土层深厚，其中大部分耕地坡度小于 6°，十分有利于现代化农业的发展。

（三）耕作历史悠久，土壤熟化度高

据史料记载，早年尧舜时代就已是农业区域，农业历史悠久，土质良好，加上多年的耕作培肥，土壤熟化程度高。据调查，有效土层厚度平均达 150 厘米以上，耕层厚度为 19～25 厘米，适种作物广，生产水平高。

二、存在主要问题及原因分析

（一）中低产田面积较大

据调查，垣曲县共有中低产田面积 34.56 万亩，占总耕地面积的 87.61%。按主导障碍因素，共分为障碍层次型、坡地梯改型、灌溉改良型和瘠薄培肥型四大类型，其中障碍层次型 3.19 万亩，占耕地面积的 8.09%；坡地梯改型 11.47 万亩，占耕地总面积的 29.08%；干旱灌溉改良型 3.91 万亩，占耕总面积的 9.90%；瘠薄培肥型 15.99 万亩，占耕地总面积的 40.54%。

中低产田面积大，类型多的主要原因：一是自然条件恶劣。全县地形复杂，山地、丘

陵、沟、垣、堑俱全，水土流失严重；二是农田基本建设投入不足，中低产田改造措施不力；三是农民耕地施肥投入不足，尤其是有机肥施用量仍处于较低水平。

（二）耕地地力不足，耕地生产率低

垣曲县耕地虽然经过排、灌、路、林综合治理，农田生态环境不断改善，耕地单产、总产呈现上升趋势，但近年来，农业生产资料价格一再上涨，农业成本较高，甚至出现种粮赔本现象，大大挫伤了农民种粮的积极性。一些农民通过增施氮肥取得产量，耕作粗放，结果致使土壤结构变差，造成土壤养分恶性循环。

（三）施肥结构不合理

作物每年从土壤中带走大量养分，主要是通过施肥来补充。因此，施肥直接影响到土壤中各种养分的含量。近几年在施肥上存在的问题，突出表现在"三重三轻"：第一，重特色产业，轻普通作物；第二，重复混肥料，轻专用肥料。随着我国化肥市场的快速发展，复混（合）肥异军突起，其应用对土壤养分的变化也有影响，许多复混（合）肥杂而不专，农民对其依赖性较大，而对于自己所种作物需什么肥料，土壤缺什么元素，底子不清，导致盲目施肥；第三，重化肥使用，轻有机肥使用。近些年来，农民将大部分有机肥施于菜田，特别是优质有机肥，而占很大比重的耕地有机肥却施用不足。

三、耕地培肥与改良利用对策

（一）多种渠道提高土壤肥力

1. 增施有机肥，提高土壤有机质　近年来，由于农家肥来源不足和化肥的发展，全县耕地有机肥施用量不够。可以通过以下措施加以解决：①广种饲草，增加畜禽，以牧养农；②大力种植绿肥，种植绿肥是培肥地力的有效措施，可以采用粮肥间作或轮作制度；③大力推广秸秆还田，是目前增加土壤有机质最有效的方法，要坚决杜绝焚烧秸秆现象。

2. 合理轮作，挖掘土壤潜力　不同作物需求养分的种类和数量不同，根系深浅不同，吸收各层土壤养分的能力不同，各种作物遗留残体成分也有较大差异。因此，通过不同作物合理轮作倒茬，保障土壤养分平衡。要大力推广粮、棉轮作，粮、油轮作，玉米、大豆立体间套作，小麦、大豆轮作等技术模式，实现土壤养分协调利用。

（二）巧施氮肥

速效性氮肥极易分解，通常施入土壤中的氮素化肥的利用率只有 25％～50％，或者更低。这说明施土壤中的氮素，挥发渗漏损失严重。所以，在施用氮肥时一定注意施肥量施肥方法和施肥时期，提高氮肥利用率，减少损失。

（三）重施磷肥

垣曲县地处黄土高原，属石灰性土壤，土壤中的磷常被固定，而不能发挥肥效。加上长期以来群众重氮轻磷，作物吸收的磷得不到及时补充。试验证明，在缺磷土壤上增施磷肥增产效果明显，可以增施人粪尿、畜禽肥等有机肥，其中的有机酸和腐殖酸促进非水溶性磷的溶解，提高磷素的活力。

（四）因地施用钾肥

垣曲县土壤中钾的含量虽然在短期内不会成为限制农业生产的主要因素，但随着农业

生产进一步发展和作物产量的不断提高，土壤中有效钾的含量也会处于不足状态。所以，在生产中，定期监测土壤中钾的动态变化，及时补充钾素。

（五）重视施用微肥

微量元素肥料，作物的需要量虽然很少，但对提高产品产量和品质、却有大量元素不可替代的作用。据调查，全县土壤硼、锌、铁等含量均不高，近年来棉花施硼，玉米施锌和小麦施锌试验，增产效果很明显。

（六）因地制宜，改良中低产田

垣曲县中低产田面积比较大，影响了耕地地力水平。因此，要从实际出发，分类配套改良技术措施，进一步提高全县耕地地力质量。

四、成果应用与典型事例

典型1——垣曲县毛家镇朱家庄村和郑家岭村小麦、玉米两茬秸秆还田见成效

垣曲县毛家镇、朱家庄村和郑家岭村，耕地面积4 100亩，经过3年小麦、玉米秸秆两茬机械还田后，小麦、玉米年年双丰收，2008—2011年粮食平均亩产达516千克左右，较1996年平均亩产420千克增产96千克，其中玉米平均亩产达340千克左右，较1996年平均亩产288千克增产52千克。机械秸秆还田既省工、又省时；土壤有机质和氮、磷、钾等养分逐年提高，其中土壤有机质由1996年的8.1克/千克提高到15.38克/千克、全氮由1996年的0.65克/千克提高到0.85克/千克、有效磷由1996年的6.9毫克/千克提高到9.1毫克/千克、速效钾由1996年的127毫克/千克提高到164毫克/千克；耕地质量明显改善。经过3年连续小麦、玉米秸秆还田、测土配方施肥等技术的应用，土壤主要养分含量逐年提高，耕层土壤疏松，保水保肥能力增强，耕地生产力不断增强，产量逐年增大，粮食年年丰收。

典型2——垣曲县古城镇上庄村配方施肥技术应用

垣曲县古城镇上庄村，地处锯齿山下，紧靠后河水库，居后河水库灌区。全村共有500户1 700口人，耕地面积5 300亩，常年种植冬小麦，小麦种植面积3 500亩，后河水库改善了该村灌溉条件后，耕地复播指数大大提高，复播夏玉米1 000余亩。近年来由于推广冬小麦、夏玉米两茬秸秆直接还田技术，土壤肥力逐年提高。在全县测土配方施肥技术推广中，全村共取耕层土样12个，依据土壤化验结果、历年来试验数据、施肥经验及产量水平，提出适宜的农作物配方施肥方案，经过一年来测土配方施肥技术的应用，全村冬小麦、夏玉米产量明显提高，化肥用量下降，种粮效益提高，深受群众欢迎。冬小麦播种前和夏玉米播种前，技术人员到村宣讲4次，听讲人数达1 300人次，发放小麦、夏玉米技术材料1 300余份，填发配方施肥建议卡724份。根据产量水平制定了比较切实可行的配方：冬小麦，目标产量为200～300千克/亩，亩施纯氮16千克、纯磷14千克、纯钾4千克；300～400千克/亩，亩施纯氮14千克、纯磷12千克、纯钾3千克；夏玉米，目标产量≥500千克/亩，亩施纯氮12千克、纯磷4千克、纯钾3千克；400～500千克/亩，亩施纯氮10千克、纯磷4千克、纯钾2千克。使全村3 500亩麦田，推广配方专用肥面积达2 200亩，1 000亩夏玉米推广配方肥面积达1 000亩。通过宣传到位、配方合理、服务得力等措施，使全村 2 200 亩冬小麦配方施肥区比常规施肥区平均亩增产小麦 27 千克，节肥 1.1 千克，全村共增产小麦 59 400 千克，节肥 2 420 千克，共节本增效 13.09 万元；夏玉米 1 000 亩配方施肥区比常规区亩均增产玉米 30 千克，亩均节肥 1.2 千克，全村共增产玉米 30 000 千克，节肥 1 200 千克，共节本增效 6.6 万元。仅此一项技术的推广，全村年总节本增效 19.69 万元。

典型 3——垣曲县新城镇左家湾村蔬菜无公害施肥技术应用

垣曲县新城镇左家湾村，地处县城东北，铜矿峪矿区近城近矿区。全村总人口 1 176 人，耕地面积 1 600 亩，多年来一直把种植蔬菜作为提高村民收入的主要途径之一，成为近城近矿区蔬菜种植区，常年除种植粮食作物外，种植蔬菜是农民经济收入的主要来源，该村土壤有机质含量平均值为 16.98 克/千克，全氮含量平均值为 0.92 克/千克，有效磷含量平均值为 10.10 毫克/千克，速效钾含量平均值为 171.00 毫克/千克；海拔为 500～650 米；无霜期 215 天；年降水量为 500 毫米，阳坡光照充足；适宜优质蔬菜生产。在县农业局的支持下，在过去蔬菜种植的基础上开展无公害蔬菜种植，种植面积达 200 亩，平均亩收入 8 000 元。该村生产的蔬菜营养丰富，色泽鲜艳，外观美丽光洁，各项指标达到无公害农产品标准。全村仅蔬菜一项总收入达 160 万元。全村人均收入 1360 元，成为全县蔬菜种植的典型村，曾受到上级多次表彰。

第三节　耕地污染防治对策与建议

一、耕地环境质量现状

水土综合评价结果：

（一）面源污染

垣曲县境内黄河流域及亳清河、允西河、板涧河等河均为非污染土壤。

（二）点源污染

从点源污染土壤综合评价结果可以看出，在厂区附近的综合污染指数均小于 1，为非污染土壤。

二、原因分析

通过过去对垣曲县污染点位及水样点位的调查分析，基本查清了测试项目检测值超标点位的受污染原因。其主要污染原因有工矿企业和污水区域对附近农田土壤的污染，施用化肥对土壤造成污染，以及喷施农药对土壤造成污染。

垣曲县耕地土壤中无重金属污染。但随着工业的发展以及农业化肥、农药的使用，应引起我们高度重视。

它们主要通过如下途径进入土壤：一是磷肥主要是通过煅烧石头而来，岩石中本身含有一定量的重金属元素，当施入土壤后必然引土壤重金属含量的升高；二是工矿企业产业的废渣、废水直接排入土壤，废气中的污染物通过大气沉降等途径进入土壤；三是喷洒于作物的农药或直接进入土壤，或随风吹雨淋进入土壤，或通过浸种、拌种进入土壤，也有些农药直接施入土壤。农药在土壤中的残留也必然对土壤造成一定程度的污染。

三、控制、防治、修复污染的方法与措施

（一）提高保护土壤资源的认识

在环境三要素中，土壤污染远远没有像空气、水体污染那样受到人们的关注和重视。很多人很少思考土壤污染及其对陆地生态系统、人类生存带来的威胁。土壤污染具有渐进性、长期性、隐蔽性和复杂性的特点。它对动物和人体的危害可通过食物链逐渐积累，人们往往身处其害而不知其害，不像大气、水体污染易被人直觉观察。土壤污染除极少数突发性自然灾害（如火山活动）外，主要是人类活动造成的。因此，在高强度开发，利用土壤资源，寻求经济发展，满足物质需求的同时，一定要防止土壤污染，生态环境被破坏，力求土壤资源、生态环境、社会影响、社会经济协调、和谐发展。土壤与大气、水体的污染是相互影响，相互制约的。土壤作为各种污染物的最终聚集地，据报道，大气和水体中的污染物的 90% 以上最终沉积在土壤中。反过来，污染土壤也将导致空气和水体的污染，如过量施用氮素肥料，可能因硝态氮随渗漏进入地下水，引起地下水硝态氮超标。

（二）土壤污染的预防措施

1. 执行国家有关污染物的排放标准 要严格执行国家部门颁发的有关污染物管理标准，如《农药登记规定》（1982）、《农药安全使用规定》（1982）、《工业、"三废"排放试行标准》（1973）、《农用灌溉水质标准》（1985）、《征收排污费暂行办法》（1982）以及国家部门关于"污泥施用质量标准"，并加强对污水灌溉与土地处理系统，固体废弃物的土地处理管理。

2. 建立土壤污染监测、预测与评价系统 以土壤环境标准为基准和土壤环境容量为依据，定期对辖区土壤环境质量进行监测，建立系统的档案材料，参照国家组织建议和我国土壤环境污染物目录，确定优先检测的土壤污染物和测定标准方法，按照优先污染次序进行调查、研究。加强土壤污染物总浓度的控制与管理。必须分析影响土壤中污染物的累积因素和污染趋势，建立土壤污染物累积模型和土壤容量模型，预测控制土壤污染或减缓土壤污染对策和措施。

3. 发展清洁生产 发展清洁生产工艺，加强"三废"治理，有效消除、削减、控制重金属污染源，以减轻对环境的影响。

（三）污染土壤的治理措施

不同污染型的土壤污染，其具体治理措施不完全相同，对已经污染的土壤要根据污染的实际情况进行改良。

1. 金属污染土壤的治理措施 土壤中重金属有不移动性、累积性和不可逆性的特点。因此，要从降低重金属的活性，减小它的生物有效性入手，加强土、水管理。其治理措施如下：①通过农田的水分调控，调节土壤 Eh 值来控制土壤重金属的毒性。如铜、锌、铅等在一定程度上均可通过 Eh 的调节来控制它的生物有效性；②客土、换土法：对于严重污染土壤采取用客土或换土是一种切实有效的方法；③生物修复：在严重污染的土壤上，

采用超积累植物的生物修复技术是一个可行的方法；④施用有机物质等改良剂：利用有机物质腐熟过程中产生的有机酸络合重金属，减少其污染。

2. 有机物（农药）污染土壤的防治措施 对于有机物、农药污染的土壤，应从加速土壤中农药的降解入手。可采用如下措施：①增施有机肥料，提高土壤对农药的吸附量，减轻农药对土壤的污染；②调控土壤 pH 和 Eh 值，加速农药的降解。不同有机农药降解对 pH、Eh 值要求不同，若降解反应属氧化反应或在好氧微生物作用下发生的降解反应，则应适当提高土壤 Eh 值。若降解反应是一个还原反应，则应降低 Eh 值。对于 pH 的影响，对绝大多数有机农药以及滴滴涕、六六六等都在较高 pH 条件下加速降解。

第四节 农业结构调整与适宜性种植

近些年来，垣曲县农业的发展和产业结构调整工作取得了突出的成绩，但干旱胁迫严重，土壤肥力有所减退，抗灾能力薄弱，生产结构不良等问题，仍然十分严重。因此，为适应 21 世纪我国农业发展的需要，增强垣曲县优势农产品参与国际市场竞争的能力，有必要进一步对全县的农业结构现状进行战略性调整，从而促进全县高效农业的发展，实现农民增收。

一、农业结构调整的原则

为适应我国社会主义农业现代化的需要，在调整种植业结构中，遵循下列原则：

一是以国际农产品市场接轨，以增强全县农产品在国际、国内经济贸易的竞争力为原则。

二是以充分利用不同区域的生产条件、技术装备水平及经济基础条件，达到趋利避害，发挥优势的调整原则。

三是以充分利用耕地评价成果，正确处理作物与土壤间、作物与作物间的合理调整为原则。

四是采用耕地资源管理信息系统，为区域结构调整的可行性提供宏观决策与技术服务的原则。

五是保持行政村界线的基本完整的原则。

根据以上原则，在今后一般时间内将紧紧围绕农业增效、农民增收这个目标，大力推进农业结构战略性调整，最终提升农产品的市场竞争力，促进农业生产向区域化、优质化、产业化发展。

二、农业结构调整的依据

通过本次对全区种植业布局现状的调查，综合验证，认识到目前的种植业布局还存在许多问题，需要在区域内部加大调整力度，进一步提高生产力和经济效益。

根据此次耕地质量的评价结果，安排全县的种植业内部结构调整，应依据不同地貌类型耕地综合生产能力和土壤环境质量两方面的综合考虑，具体为：

一是按照四大不同地貌类型，因地制宜规划，在布局上做到宜农则农，宜林则林，宜牧则牧。

二是按照耕地地力评价出 1～6 个等级标准，在各个地貌单元中所代表面积的数值衡量，以适宜作物发挥最大生产潜力来分布，做到高产高效作物分布在 1～2 级耕地为宜，中低产田应在改良中调整。

三是按照土壤环境的污染状况，在面源污染、点源污染等影响土壤健康的障碍因素中，以污染物质及污染程度确定，做到该退则退，该治理的采取消除污染源及土壤降解措施，达到无公害绿色产品的种植要求，来考虑作物种类的布局。

三、土壤适宜性及主要限制因素分析

垣曲县土壤因成土母质不同，土壤质地也不一致，发育在黄土及黄土状母质上的土壤质地多是较轻而均匀的壤质土，心土及底土层为黏土。总的来说，本县的土壤大多为壤质，沙黏含量比较适合，在农业上是一种质地理想的土壤，其性质兼有沙土和黏土之优点，而克服了沙土和黏土之缺点，它既有一定数量的大孔隙，还有较多的毛管孔隙，故通透性好，保水保肥性强，耕性好，宜耕期长，好抓苗，发小又养老。因此，综合以上土壤特性，本县土壤适宜性强，小麦、玉米、甘薯等粮食作物及经济作物，如棉花、烟叶、蔬菜、西瓜、药材、核桃、花椒等都适宜本县种植。

但种植业的布局除了受土壤质地作用外，还要受到地理位置、水分条件等自然因素和经济条件的限制。在山地、丘陵等地区，由于此地区沟壑纵横，土壤肥力较低，土壤较干旱，气候凉爽，农业经济条件也较为落后。因此，要在管理好现有耕地的基础上，将智力、资金和技术逐步转移到非耕地的开发上，大力发展林、牧业，建立农、林、牧结合的生态体系，使其成林、牧产品生产基地。在河槽区由于土地平坦，水源较丰富，是本县土壤肥力较高的区域，同时其经济条件及农业现代化水平也较高，故应充分利用地理、经济、技术优势，在决不放松粮食生产的前提下，积极开展多种经营，实行粮、棉、菜、果、烟全面发展。

在种植业的布局中，必须充分考虑到各地的自然条件、经济条件，合理利用自然资源，对布局中遇到的各种限制因素，应考虑到它影响的范围和改造的可行性，合理布局生产，最大限度地、持久地发掘自然的生产潜力，做到地尽其力。

四、种植业布局分区建议

根据垣曲县种植业布局分区的原则和依据，结合本次耕地地力调查与质量评价结果，将垣曲县划分为四大种植区，分区概述：

（一）河槽台垣粮果菜桑区

该区位于东西河两岸、黄河北岸、东西两垣，包括新城、皋落、长直、王茅、古城、华峰、英言、历山等乡（镇）的部分区域，共计 74 个行政村，1 260.90 亩耕地。

1. 区域特点　本区地处亳清河、沇西河及黄河北岸的一级阶地及河漫滩，包括东西两个垣区，海拔较低，优势平坦，土壤肥沃，水土流失轻微，部分地下水位较浅，水源比较充足，属井河库灌区，水利设施好，园田化水平高，交通便利，农业生产条件优越。年平均气温13.3℃，年降水670毫米，无霜期215天，气候温和，热量充足，农业生产水平较高，可一年两作。本区土壤耕性良好，适种性广，施肥水平较高。本区土壤为潮土和脱潮土两个亚类，是垣曲县的粮、菜、果、桑区。

区内土壤有机质含量为16.68克/千克，全氮为0.92克/千克，有效磷为10.10毫克/千克，速效钾为171.00毫克/千克，锰、钼、硼、铁微量元素含量相对不高，均属省三级水平。

2. 种植业发展方向　本区以建设粮、果、菜、桑四大基地为主攻方向。大力发展一年两作高产高效粮田，扩大蔬菜面积和干鲜面积，适当发展核桃、苹果等干鲜果。在现有基础上，优化结构，建立无公害生产基地。

3. 主要保障

（1）加大土壤培肥力度，全面推广多种形式秸秆还田，以增加土壤有机质，改良土壤理化性状。

（2）注重作物合理轮作，坚决杜绝连茬多年的习惯。

（3）全力以赴搞好基地建设，通过标准化建设、模式化管理、无害化生产技术应用，使基地取得明显的经济效益和社会效益。

（二）丘陵，粮、果、棉、烟区

本区位于河槽与低山中间地带，是一个广阔的丘陵地带。海拔为400～700米，包括全县11个乡（镇）的87个行政村，区域耕地面积217 917亩。

1. 区域特点　本区光热资源丰富，土地比较肥沃，农业机械化程度较高，但由于无水利条件、干旱，属靠天吃饭型农业区。本区大部分属于石灰性褐土，是本县主要的粮、棉、果、药材区。本区耕地平均有机质含量14.94克/千克，全氮为0.82克/千克，有效磷8.80毫克/千克，速效钾165.00毫克/千克，整体看，微量元素属铁省五级水平，钼、硼属省四级水平普遍偏低。

2. 种植业发展方向　本区种植业，以粮为主，发展复播油料和以核桃为主的干果间棉花、烟叶、药材，积极发展核桃生产。兼顾发展以小杂粮、药材为主的低秆作物，充分利用土耕地，提高耕地单位面积产量。

3. 主要保证措施

（1）小麦、玉米、油料良种良法配套，增加产出，提高品质，增加效益。

（2）大面积推广秸秆一茬或两茬还田，有效提高土壤有机质含量。

（3）重点建好无公害核桃基地建设并培养一批果、粮、果经、果牧型生态典型，发展无公害果菜，提高市场竞争力。

（4）加强技术培训，提高农民素质。

（5）加强水利设施建设，有条件的地方要创造条件增加灌溉面积，充分利用引黄工程，千方百计扩大浇水面积。

（6）大力推广主体农业种植技术，在核桃树中间要种植药材、薯类、豆类等低秆作物，充分利用耕地资源，提高农业生产整体水平。

（三）低山粮果、桑区

该区位于黄河北岸的南山坡地，海拔为 600～1 200 米，土质差，气温高，属阳坡地带。本区共包括解峪乡、毛家镇，212 个行政村，耕地 24 115 亩。

1. 区域特点　本区土地坡度较缓，土质较差，土壤主要是褐土性土，母质为洪积物，气温高，光照充足，灌溉条件较差。

区内土壤有机质含量为 15.38 克/千克，全氮为 0.86 克/千克，有效磷 8.9 毫克/千克，速效钾 184.06 毫克/千克，微量元素硼、铁、锰、钼含量相对较低，均属省四级水平。

2. 种植业发展方向　本区以粮食为主，积极发展花椒、核桃为主的干果，兼顾植桑养蚕种植其经济作物。

3. 主要保障措施

（1）广辟有机肥源，增施有机肥，改良土壤，提高土壤保水保肥能力。

（2）因地制宜，合理施用化肥。

（3）发展无公害果品，形成规模，提高市场竞争力。重点抓好解峪的花椒和核桃基地建设。同时沿山积极发展干鲜果，充分利用其海拔较高，光照充足，昼夜温差大，果品质量好的优势，提高市场竞争力。

（四）中山林、果、粮、药、菌区

该区分布于北部山区由中条山脉组成，海拔为 800～2 000 米，包括历山、蒲掌、英言、皋落 4 个乡（镇），19 个村庄，耕地面积 25 530 亩。

1. 区域特点　该区年平均气温为 8～10℃，年降水 850 毫米左右，大部分为旱地，但土质较好，本区属贫水区，且埋置深，不易开采，土质好，土壤以黄土质褐土性土和山地褐土为主。

区内耕地有机质含量为 15.00 克/千克，全氮为 0.820 克/千克，有效磷为 8.88 毫克/千克，速效钾为 165.00 毫克/千克，土壤微量元素，铜锌均属于三级水平，锰硼属省四级水平，铁含量属省五级水平。

2. 种植业发展方向　该区宜以小麦生产为主，适当发展杂粮，走有机旱作之路，同时宜发展核桃、花椒等干果及杂果，种植适生中药材。

3. 主要保障措施

（1）进一步抓好平田整地，整修梯田，建好"三保田"。

（2）千方百计增施有机肥，搞好测土配方施肥，增加微肥的施用。

（3）积极推广旱作技术和高产综合技术，提高科技含量。

（4）以林果生产为重点，发展林果型、果牧型农业，促进果农增收。

五、农业远景发展规划

垣曲县农业的发展，应进一步调整和优化农业结构，全面提高农产品品质和经济效益，建立健全和完善全县耕地质量管理信息系统，随时服务布局调整，从而有力促进全县农村经济的快速发展。现根据各地的自然生态条件、社会经济技术条件，特提出 2015 年发展规划如下：

一是全县粮食占有耕地 25 万亩，复种指数达到 1.38，集中建立 20 万亩优质小麦生产基地。

二是稳步发展优质干鲜果品，占用耕地 15 万亩。

三是实施无公害生产基地，到 2015 年优质蔬菜、辣椒等蔬菜基地发展到 2 万～3 万亩，优质核桃、花椒、苹果、杏、枣等果业发展到 15 万亩，全面推广绿色蔬菜、果品生产操作规程，配套建设一个贮藏、包装、加工、质量检测、信息等设施完备的果品加工企业及批发市场。

四是集中精力发展牧草养殖业，重点发展圈养牛、羊、猪、鸡等，力争发展牧草 2 万亩。特别是发展干鲜果、粮、牧、草等综合性生态农业区，面积要达到 15 万亩。

综上所述，面临的任务是艰巨的，困难也是很大的。所以，要下大力气克服困难，努力实现既定目标。

第五节　主要作物标准施肥系统的建立与无公害农产品生产对策研究

一、养分状况与施肥现状

（一）全县土壤养分与状况

垣曲县耕地质量评价结果表明，土壤有机质平均含量为 15.99 克/千克，全氮含量为 0.84 克/千克，有效磷为 9.99 毫克/千克，速效钾为 157.7 毫克/千克，有效铜为 1.92 毫克/千克，有效锌为 1.42 毫克/千克，有效锰为 12.45 毫克/千克，有效铁为 6.91 毫克/千克，水溶性硼为 0.41 毫克/千克。土壤有机质属省三级水平；全氮属省四级水平；有效磷平属省四级水平；速效钾属省三级水平。中、微量元素养分含量，硫属省四级水平、有效铜属省四级水平、有效锌属省四级水平、有效硼有效锰属省四级水平、有效铁属省五级水平。

（二）全县施肥现状

农作物平均亩施农家肥 300 千克左右，氮肥（N）平均 17.7 千克，磷肥（P_2O_5）9 千克，钾肥（K_2O）2 千克；果园平均亩施农家肥 1 500 千克，氮肥（N）35 千克，磷肥（P_2O_5）46 千克，钾肥（K_2O）30 千克。微量元素平均使用量较低，甚至有不施微肥的现象。

二、存在问题及原因分析

1. 有机肥和无机肥施用比例失调　20 世纪 70 年代以来，随着化肥工业发展，化肥的施用量大量增加，但有机肥的施用量却在不断减少，随着农业机械化水平提高，农村大牲畜大量减少，农村人居环境改善，有机肥源不断减少，优质有机肥都进了经济作物田地，耕地有机肥用肥量更少。随着农业机械化水平的提高，小麦、玉米等秸秆还田面积增加，土壤有机质有了明显提高。今后土壤有机质的提高主要依靠秸秆还田。据统计，全县平均亩施有机肥不足 500 千克，农民多以无机肥代替有机肥，有机肥和无机肥施用比例失调。

2. 肥料三要素（N、P、K）施用比例失调 第二次土壤普查后，全县根据普查结果，氮少磷缺钾有余的土壤养分状况提出增氮增磷不施钾。所以，在施肥上一直按照氮磷1∶1 的比例施肥，亩施碳酸氢铵 50 千克，普通过磷酸钙 50 千克。10 多年来，土壤养分发生了很大变化，土壤有效磷显著提高。据此次调查，所施肥料中的氮、磷、钾养分比例多不适合作物要求，未起到调节土壤养分状况的作用。根据全县农作物的种植和产量情况，现阶段氮、磷、钾化肥的适宜比例应为 1∶0.56∶0.16，而调查结果表明，实际施用比例为 1∶0.5∶0.1 左右，并且肥料施用分布极不平衡，高产田比例低于中低产田，部分旱地地块不施磷钾肥，这种现象制约了化肥总体利用率的提高。

3. 化肥用量不当 耕地化肥施用不合理。在大田作物施肥上，人们往往注重高产田投入，而忽视中低产田投入，产量越高，施肥量越大，产量越低施肥量越小，甚至白茬下种。因而造成高产地块肥料浪费，而中低产田产量提不高。据调查，高产田化肥施用总量达 150 千克以上，而中低产田亩用量不足 100 千克。这种化肥不合理分配，直接影响化肥的经济效益和无公害农产品的生产。

4. 化肥施用方法不当

（1）氮肥浅施、表施：这几年，在氮肥施用上，广大农民为了省时、省劲，将碳酸氢铵、尿素撒于地表，旋耕犁旋耕入土，甚至有些用户用后不及时覆土，造成一部分氮素挥发损失，降低了肥料的利用率，有些还造成铵害，烧伤植物叶片。

（2）磷肥撒施：由于大多群众对磷肥的性质了解较少，普遍将磷肥撒施、浅施，作物不能吸收利用，并且造成磷固定，降低了磷的利用率和当季施用肥料的效益。据调查，全县磷肥撒施面积达 60% 左右。

（3）复合肥施用不合理：在黄瓜、辣椒、番茄等种植比例大的蔬菜上，复合肥料和磷酸二铵使用比例很大，从而造成盲目施肥和磷钾资源的浪费。

（4）中产高田忽视钾肥的施用：针对第二次土壤普查结果，速效钾含量较高，有 10 年左右的时间 80% 的耕地施用氮、磷两种肥料，造成土壤钾素消耗日趋严重。农产品产量和品质受到严重影响。随着种植业结构的进一步调整，作物由单独追求产量变为质量和产量并重，钾肥越来越表现出提质增产的效果。

以上各种问题，随着测土配方施肥项目的实施逐步得到解决。

三、化肥施用区划

（一）目的和意义

根据垣曲县不同区域、地貌类型、土壤类型的土壤养分状况、作物布局、当前化肥使用水平和历年化肥试验结果进行了统计分析和综合研究，按照全县不同区域化肥肥效的规律，39.4 万亩耕地共划分 4 个化肥肥料一级区和 4 个合理施肥二级区，提出不同区域氮、磷、钾化肥的使用标准。为全县今后一段时间合理安排化肥生产、分配和使用，特别是为改善农产品品质，因地制宜调整农业种植布局，发展特色农业，保护生态环境，生产绿色无公害农产品，促进可持续农业的发展提供科学依据，使化肥在全县农业生产发展中发挥更大的增产、增收、增效作用。

（二）分区原则与依据

1. 原则

（1）化肥用量、施用比例和土壤类型及肥效的相对一致性。

（2）土壤地力分布和土壤速效养分含量的相对一致性。

（3）土地利用现状和种植区划的相对一致性。

（4）行政区划的相对完整性。

2. 依据

（1）农田养分平衡状况及土壤养分含量状况。

（2）作物种类及分布。

（3）土壤地理分布特点。

（4）化肥用量、肥效及特点。

（5）不同区域对化肥的需求量。

（三）分区和命名方法

化肥区划分为两级区，Ⅰ级区反映不同地区化肥施用的现状和肥效特点。Ⅱ级区根据现状和今后农业发展方向，提出对化肥合理施用的要求。

Ⅰ级区按地名＋主要土壤类型＋氮肥用量＋磷肥用量及肥效结合的命名法而命名。氮肥用量按每季作物每亩平均施 N 量，划分为高量区（10 千克以上）、中量区（7.6～10 千克）、低量区（5.1～7.5 千克）、极低量区（5 千克以下）；磷肥用量按每季作物每亩平均施用磷肥（P_2O_5）划分为高量区（7.5 千克以上）、中量区（5.1～7.5 千克）、低量区（2.6～5 千克）、极低量区（2.5 千克以下）；钾肥肥效按每千克钾肥（K_2O）增产粮食千克数划分为高效区（5 千克以上）、中效区（3.1～5 千克）、低效区（1.1～3.1 千克）、未显效区（1 千克以下）。

Ⅱ级区按地名地貌＋作物布局＋化肥需求特点的命名法命名。根据农业生产指标，对今后氮、磷、钾的需求量，分为增量区（需较大幅度增加用时，增加量大于 20％）、补量区（需少量增加用量，增加量小于 20％）、稳量区（基本保持现有用量）、减量区（降低现有用量）。

（四）分区概述

根据化肥区划分区标准和命名，将全县化肥区划分为 4 个Ⅰ级区（4 个主区），4 个Ⅱ级区（4 个亚区）。见表 8-2。

1. 河槽台垣氮肥中量磷肥中量钾肥低效区　包括古城镇、王茅镇、新城镇、华峰乡、解峪乡、长直乡、皋落乡 6 个乡（镇）的 80 个行政村，耕地面积 156 050 亩。主要种植作物为粮食、棉花、蔬菜、干鲜果品、桑田等。该区主要土壤为石灰性褐土、褐土性土、褐潮土、潮土等土壤，海拔为 200～500 米，土壤肥力高，土地比较平坦。

该区内土壤有机质平均含量为 16.68 克/千克，全氮含量为 0.92 克/千克，有效磷含量为 10.10 克/千克，速效钾含量为 171.00 毫克/千克，微量元素含量铜为一级，铁、锌为三级，锰、硼为四级。

（1）河槽台垣粮、棉、菜、果、桑增氮增磷增钾区；见表8-2。

表8-2　垣曲县化肥区划分区

	乡（镇）	行政村数	耕地面积（亩）	行政村名
河槽台垣区	古城镇、华峰乡、王茅镇、长直乡、皋落乡、解峪乡、新城镇、毛家	80	156 050	新窑、西滩、西石、窑店河、西敌原、谭家、东石、磨头、允东、峪子、南圪坂、上圪坂、南堡、北堡头、北窑头、店头、古城、南坡、宁董、允岭、北沟、北阳、陈堡、东滩、东型马、东塞、丰村、沟垅、河堤、胡村、华峰、马村、南岭、南羊、成家坡、南窑、芮村、宋村、五福涧、西马村、西坡、西型马、西王茅、王茅、晃家坡、北河、东窑、上亳、小赵、塞里、下亳、长直、涧溪、鲁家坡、前青、上凹、西交、峪里、原峪、西河、张家庄、西窑、皋落、下寺、清源、关家、坡底、上王、刘张、左家湾、解村、毛家、朱家、无垠、英言、东河、窑头、赵塞、西河、席家平
丘陵区	蒲掌乡、英言乡、古城镇、历山镇、解峪乡、华峰乡、王茅镇、长直乡、皋落乡、毛家镇、新城镇	81	185 420	蒲掌、陈河、高崖、南蒲、北阳、堤沟、郭家河、河东、尖疙瘩、邱家沟、洼里、西阳、下马、安河、白家河、双庙、柏底、北白、关庙、官家沟、郭家山、闫家河、龙尾头、马湾、南白、邵家沟、田村、三联、硖口、西沟、上庄、同善、南堡、西堡、辛庄、宋家湾、观坡、河西、永兴、竹林、刘村、神后、北坡、复兴、杜村、白水、柳庄、南坡、后青、火星、烹张、平原、南洼、黑峪、寺里沟、上涧、古垛、岭回、下回、墨底山、李家窑、南联、上南才、武家沟、槐南白、老屋沟、上官、西峰山、东峰山、赵家岭、古堆、柴火庄、安窝、清南、瓦舍、南丁、槐平、原中、郭家、长涧、郑家岭
低山区	解峪乡、毛家	11	28 921	和平、关沟、差沟、陡坡、乐尧、林场、刘家、清泉、南庄、南山、安头
中山区	英言乡、蒲掌乡、历山镇	16	24 109	水出腰、河底河、绛道沟、后河、东河、三里腰、不落地、常家坪、冯家山、望仙、西哄、文堂、花石、落洼、民兴、历山
合　计		188	394 500	

该区粮食亩产量为350～600千克，亩产＜300千克，建议亩施用N 9～11千克，P_2O_5 6～8千克，K_2O 4～5千克；亩产为300～400千克，亩施N 10～13千克、P_2O_5 7～10千克，K_2O 5～8千克；亩产为400～500千克，亩施N 12～16千克、P_2O_5 12～16千克、K_2O 7～9千克；亩产为500～600千克，亩施N 15～19千克、P_2O_5 9～12千克、K_2O 8～10千克；亩产大于600千克，亩施N 18-21千克、P_2O_5 10～14千克、K_2O 9-12千克。

（2）丘陵氮肥中量磷肥中量钾肥中效区：该区包括新城镇、毛家镇、王茅镇、古城镇、同善镇、蒲掌乡、英言乡、解峪乡、华峰乡、长直乡、皋落乡9个乡（镇）。81个行政村。耕地面积185 420亩，主要种植作物为粮食、油料、棉花、烟叶和核桃为主的干鲜果品。该区的土壤为石灰性褐土、褐土性土、淋溶褐土和中性粗骨土、红黏土等。海拔为

350～700 米。耕地土壤有机质含量平均为 14.94 克/千克，全氮含量为 0.82 克/千克，有效磷含量为 8.80 毫克/千克，速效钾为 165.00 毫克/千克，微量元素含量铜为四级水平，锌为四级水平，铁、锰为五级水平，硼为五级水平。

（3）丘陵粮果棉烟增磷增氮增钾区：该区粮食产量为 150～350 千克。小麦亩产小于 150 千克，建议亩施 N4～6 千克，P_2O_3 3～4 千克，K_2O 0～4 千克；亩产为 150～200 千克，亩施 N5～8 千克、P_2O_5 4～6 千克、K_2O 0～5 千克；亩产为 200～250 千克，亩施 N 7～9 千克、P_2O_5 5～7 千克、K_2O 4～6 千克；亩产为 250～300 千克，亩施 N 8～10 千克、P_2O_5 6～8 千克、K_2O 5～7 千克；亩产大于 300 千克，亩施 N 9～12 千克、P_2O_5 7～10 千克、K_2O 6～9 千克。

（4）低山氮肥中量磷肥中量钾肥低效区：该区包括毛家镇、解峪乡 2 个乡（镇），11 行政村，耕地面积 28 921 亩。主要种植作物为粮食、干鲜果、桑树等。该区域土壤为石灰性褐土、淋溶褐土、中性粗骨土、山地褐土等土壤。海拔高度为 500～1 000 米，土壤肥力较差，大多为坡耕地，耕地质量不高。该区内土壤有机质含量平均为 14.94 克/千克，全氮平均含量为 0.82 克/千克，有效磷平均含量为 8.80 毫克/千克，速效钾平均含量为 165.00 毫克/千克。微量元素为铜含量为三级水平，锌含量为四级水平，铁和锰含量为四级水平，硼含量为五级水平。

（5）低山粮果桑增氮稳磷区：该区粮食产量为 150～250 千克。小麦亩产小于 150 千克，建议亩施 N 4～6 千克、P_2O_5 3～4 千克、K_2O 0～4 千克；亩产为 150～200 千克，亩施 N 5～8 千克、P_2O_5 4～6 千克、K_2O 0～5 千克；亩产为 200～250 千克，亩施 N 7～9 千克、P_2O_5 5～7 千克、K_2O 4～6 千克；亩产为 250 千克以上，建议亩施 N 8～10 千克、P_2O_5 6～8 千克、K_2O 5～7 千克。

（6）中山粮药菌氮肥中量磷肥中量钾肥中效区：该区包括蒲掌、英言、皋落、三乡和历山镇的 16 行政村，耕地面积 24 109 亩，主要作物为小粮食、药材、菌类。该区为山地棕壤、山地棕壤性土、淋溶褐土及山地褐土等土壤类型。海拔高度为 700～2 000 米，土壤肥力较差，耕地块小坡陡，质量较差。该区土壤有机质含量平均值为 21.46 克/千克，全氮含量平均值为 0.79 克/千克，有效磷含量平均值为 8.10 毫克/千克，速效钾含量平均值为 154 毫克/千克。微量元素铜为四级水平，锌、铁、锰、硼为五级水平。

（7）中山粮药菌增氮增磷钾肥低效区：该区小麦平均亩产为 300～350 千克，建议亩施 N 11～12 千克、P_2O_5 8～10 千克、K_2O 3～4 千克，菜田亩施 N20～25 千克、P_2O_5 12～15 千克、K_2O 15～20 千克，注意使用微量元素硼、锰、钼等。

（五）提高化肥利用率的途径

1. 统一规划，着眼布局　化肥使用区划意见，对全县农业生产及发展起着整体指导和调节作用，使用当中要宏观把握，明确思路。以地貌类型和土壤类型及行政区域划分的 4 个化肥肥效一级区和 4 个化肥合理施肥二级区在肥效与施肥上基本保持一致。具体到各区各地因受不同地形部位和不同土壤亚类的影响，在施肥上不能千篇一律，死搬硬套，以化肥使用区划为标准，结合当地实际情况确定合理科学的施肥量。

2. 因地制宜，节本增效　全县地形复杂，土壤肥力差异较大，各区在化肥使用上一定要本着因地制宜，因作物制宜，节本增效的原则，通过合理施肥及相关农业措施，不仅要达到节本增效的目的，而且要达到用养结合、培肥地力的目的，变劣势为优势。对坡降较大的丘陵、沟壑和山前倾斜平原区要注意防治水土流失，施肥上要少量多次，修整梯田，建"三保田"。

3. 秸秆还田，培肥地力 运用合理施肥方法，大力推广秸秆还田，提高土壤肥力，增加土壤团粒结构，提高化肥利用率，同时合理轮作倒茬，用养结合。旱地氮肥"一炮轰"，水地底施 1/2，追施 1/2。磷肥集中深施，褐土地钾肥分次施，有机无机相结合，氮磷钾微相结合。

总之，要科学合理施用化肥，以提高化肥利用率为目的，以达到增产增收增效。

四、无公害农产品生产与施肥

无公害农产品是指产地环境、生产过程和产品质量均符合国家有关标准的规范的要求，经认证合格，获得认证证书并允许使用无公害农产品标志的未经加工或初加工的农产品。根据无公害农产品标准要求，针对全县耕地质量调查施肥中存在的问题，发展无公害农产品，施肥中应注意以下几点：

（一）选用优质农家肥

农家肥是指含有大量生物物质、动植物残体、排泄物、生物废物等有机物质的肥料。在无公害农产品的生产中，一定要选用足量的经过无害化处理的堆肥、沤肥、厩肥、饼肥等优质农家肥作基肥。确保土壤肥力逐年提高，满足无公害农产品的生产。

（二）选用合格商品肥

商品肥料有精制有机肥料、有机无机复混肥料、无机肥料、腐殖酸类肥料、微生物肥料等。生产无公害农产品时一定要选用合格的商品肥料。

（三）改进施肥技术

1. 调控化肥用量 这几年，随着农业结构调整，种植业结构发生了很大变化，经济作物面积扩大，因而造成化肥用量持续提高，不同作物之间施肥量差距不断扩大。因此，要调控化肥用量时，避免施肥两极分化，尤其是控制氮肥用量，努力提高化肥利用率，减少化肥损失或造成的农田环境污染。

2. 调整施肥比例 首先将有机肥和无机肥比例逐步调整到 1：1，充分发挥有机肥料在无公害农产品生产中的作用。其次，实施补钾工程，根据不同作物、不同土壤合理施用钾肥，合理调整 N、P、K 比例，发挥钾肥在无公害农产品生产中的作用。

3. 改进施肥方法 施肥方法不当，易造成肥料损失浪费、土壤及环境污染，影响作物生长。所以，施肥方法一定要科学，氮肥要深施，减少地面熏伤，忌氯作物不施或少施含氯肥料。因地、因作物、因肥料确定施肥方法，生产优质、高产无公害农产品。

五、不同作物的科学施肥标准

针对垣曲县农业生产基本条件，种植作物种类、产量、土壤肥力及养分含量状况，无公害农产品生产施肥总的思路是：以节本增效为目标，立足抗旱栽培，着眼于优质、高产、高效、安全农业生产，着力于提高肥料利用率，采取控氮稳磷补钾配再生的原则，在增施有机肥和保持化肥施用总量基本平衡的基础上，合理调整养分比例，普及科学施肥方法，积极试验和示范微生物肥料。

根据全县施肥总的思路，提出全县主要作物施肥标准如下：

1. 小麦　高肥力地，亩产为 400 千克以上，亩施 N16～18 千克、P_2O_5 14～16 千克、K_2O 3～4 千克；中肥力地，亩产为 250～300 千克，亩施 N13～16 千克、P_2O_5 13～16 千克、K_2O 2～3 千克；低肥力地，亩产为 250 千克以下，亩施 N7～9 千克、P_2O_5 7～9 千克。

2. 棉花　亩产皮棉为 100 千克以上，亩施 N12～15 千克、P_2O_5 9～10 千克，K_2O 6～8 千克；亩产为 50～100 千克皮棉，亩施 N10～12 千克、P_2O_5 8～9 千克，K_2O 5～7 千克；亩产为 50 千克以下，亩施 N10 千克、P_2O_5 8 千克，K_2O 5 千克。

3. 玉米　高水肥地，亩产为 600 千克以上，亩施 N16～18 千克、P_2O_5 10～11 千克、K_2O 5 千克；中水肥地，亩产为 500～600 千克，亩施 N12～13 千克、P_2O_5 8～9 千克、K_2O 3～5 千克；亩产为 400～500 千克以下，亩施 N8～10 千克、P_2O_5 5～6 千克，K_2O 2～3 千克。

4. 蔬菜　叶菜类：如白菜、韭菜等，一般亩产为 3 000～4 000 千克，有机肥 3 000 千克以上，亩施 N10～15 千克、P_2O_5 5～8 千克、K_2O 5～8 千克。果菜类：如番茄、黄瓜等，一般亩产为 5 000～6 000 千克，亩施 N 20～30 千克、P_2O_5 10～15 千克、K_2O 25～30 千克。

5. 苹果　亩产为 2 500 千克以上，亩施 N30～40 千克、P_2O_5 15～20 千克、K_2O 30～40 千克；亩产为 2 500 千克以下，亩施 N15～30 千克、P_2O_5 10～15 千克、K_2O 20～30 千克。

第六节　耕地质量管理对策

耕地地力调查与质量评价成果为全县耕地质量管理提供了依据，耕地质量管理决策的制定，成为全县农业可持续发展的核心内容。

一、建立依法管理体制

（一）工作思路

以发展优质高效、生态、安全农业为目标，以耕地质量动态监测管理为核心，以土壤地力改良利用为重点，通过农业种植业结构调查，合理配置现有农业用地，逐步提高耕地地力水平，满足人民日益增长的农产品需求。

（二）建立完善行政管理机制

1. 制订总体规划　坚持"因地制宜、统筹兼顾，局部调整、挖掘潜力"的原则，制订全县耕地地力建设与土壤改良利用总体规划，实行耕地用养结合，划定中低产田改良利用范围和重点，分区制定改良措施，严格统一组织实施。

2. 建立以法保障体系　制定并颁布《垣曲县耕地质量管理办法》，设立专门监测管理机构，县、乡、村三级设定专人监督指导，分区布点，建立监控档案，依法检查污染区域项目治理工作，确保工作高效到位。

3. 加大资金投入　县政府要加大资金支持，县财政每年从农发资金中列支专项资金，用于全县中低产田改造和耕地污染区域综合治理，建立财政支持下的耕地质量信息网络，推进工作有效开展。

（三）强化耕地质量技术实施

1. 提高土壤肥力　组织县、乡农业技术人员实地指导，组织农户合理轮作，平衡施肥、安全施药、施肥，推广秸秆还田、种植绿肥、施用生物菌肥，多种途径提高土壤肥力，降低土壤污染，提高土壤质量。

2. 改良中低产田　实行分区改良，重点突破。灌溉改良区重点抓好灌溉配套设施的改造、节水浇灌、挖潜增灌、引黄扩灌、扩大浇水面积，丘陵、山区中低产区要广辟肥源，深耕保墒，轮作倒茬，粮草间作，扩大植被覆盖率，修整梯田，达到增产增效目标。

二、建立和完善耕地质量监测网络

随着垣曲县工业化进程的不断加快，工业污染日益严重，在重点工业生产区域建立耕地质量监测网络已迫在眉睫。

1. 设立组织机构　耕地质量监测网络建设，涉及环保、土地、水利、经贸、农业等多个部门，需要县政府协调支持，成立依法行政管理机构。

2. 配置监测机构　由县政府牵头，各职能部门参与，组建垣曲县耕地质量监测领导组，在县环保局下设办公室，设定专职领导与工作人员，建立企业治污工程体系，制定工作细则和工作制度，强化监测手段，提高行政监测效能。

3. 加大宣传力度　采取多种途径和手段，加大《环保法》宣传力度，在重点污排企业及周围乡村印刷宣传广告，大力宣传环境保护政策及科普知识。

4. 监测网络建立　在垣曲县依据这次耕地质量调查评价结果，划定安全、非污染、轻污染、中度污染、重污染五大区域，每个区域确定10～20个点，定人、定时、定点取样监测检验，填写污染情况登记表，建立耕地质量监测档案。对污染区域的污染源，要查清原因，由县耕地质量监测机构依据检测结果，强制企业污染限期限时达标治理。对未能限期达标企业，一律实行关停整改，达标后方可生产。

5. 加强农业执法管理　由县农业、环保、质检行政部门组成联合执法队伍，宣传农业法律知识，对市场化肥、农药实行市场统一监控、统一发布，将假冒农用物资一律依法查封销毁。

6. 改进治污技术　对不同污染企业采取烟尘、污水、污碴分类科学处理转化。对工业污染河道及周围农田，采取有效物理、化学降解技术，降解铅、镉及其他重金属污染物，并在河道两岸50米栽植花草、林木、净化河水，美化环境；对化肥、农药污染农田，要划区治理，积极利用农业科研成果，组成科技攻关组，引试降解剂，逐步消解污染物。

7. 推广农业综合防治技术　在增施有机肥降解大田农药、化肥及垃圾废弃物污染的同时，积极宣传推广微生物菌肥，以改善土壤的理化性状，改变土壤溶液酸碱度，改善土壤团粒结构，减轻土壤板结，提高土壤保水、保肥性能。

三、农业税费政策与耕地质量管理

目前，农业税费改革政策的出台必将极大调整农民粮食生产积极性，成为耕地质量恢复与提高的内在动力，对全县耕地质量的提高具有以下几个作用：

1. 加大耕地投入，提高土壤肥力　目前，全县丘陵面积大，中低产田分布区域广，粮食生产能力较低。税费改革政策的落实有利于提高单位面积耕地养分投入水平，逐步改善土壤养分含量，改善土壤理化性状，提高土壤肥力，保障粮食产量恢复性增长。

2. 改进农业耕作技术，提高土壤生产性能　农民积极性的调动，成为耕地质量提高的内在动力，将促进农民平田整地，耙糖保墒，加强耕地机械化管理，缩减中低产田面积，提高耕地地力等级水平。

3. 采用先进农业技术，增加农业比较效益　采取有机旱作农业技术，合理优化适栽技术，加强田间管理，节本增效，提高农业比较效益。

农民以田为本，以田谋生，农业税费政策出台以后，土地属性发生变化，农民由有偿支配变为无偿使用，成为农民家庭财富的一部分，对农民增收和国家经济发展将起到积极的推动作用。

四、扩大无公害农产品生产规模

在国际农产品质量标准市场一体化的形势下，扩大全县无公害农产品生产成为满足社会消费需求和农民增收的关键。

（一）理论依据

综合评价结果，耕地果园均无污染，适合生产无公害农产品，适宜发展绿色农业生产。

（二）扩大生产规模

在垣曲县发展绿色无公害农产品，扩大生产规模，要根据耕地地力调查与质量评价结果为依据，充分发挥区域比较优势，合理布局，规模调整。一是粮食生产上，在全县发展10万亩无公害优质小麦，5万亩无公害优质玉米；二是在蔬菜生产上，发展无公害蔬菜1万亩；三是在果品生产上，发展无公害干果10万亩。

（三）配套管理措施

1. 建立组织保障体系　成立垣曲县无公害农产品生产领导小组，下设办公室，地点在县农业委员会。组织实施项目列入县政府工作计划，单列工作经费，由县财政负责执行。

2. 加强质量检测体系建设　成立县级无公害农产品质量检验技术领导小组，县、乡下设两级监测检验的网点，配备设备及人员，制定工作流程，强化监测检验手段，提高检测检验质量，及时指导生产基地技术推广工作。

3. 制定技术规程 组织技术人员建立全县无公害农产品生产技术操作规程，重点抓好平衡施肥，合理施用农药，细化技术环节，实现标准化生产。

4. 打造绿色品牌 重点实施好无公害核桃、食用菌等生产。

五、加强农业综合技术培训

自 20 世纪 80 年代起，垣曲县就建立起县、乡、村三级农业技术推广网络。县农业技术推广中心牵头，搞好技术项目的组织与实施，负责划区技术指导，行政村配备 1 名科技副村长，在全县设立农业科技示范户。先后开展了小麦、棉花、烟叶、核桃、中药材、甘薯、食用菌等优质高产高效生产技术培训，推广了旱作农业、生物覆盖、小麦地膜覆盖、双千创优工程及设施蔬菜"四位一体"综合配套技术。

现阶段，全县农业综合技术培训工作一直保持领先，有机旱作、测土配方施肥、节水灌溉、生态沼气、无公害蔬菜生产技术推广已取得明显成效。充分利用这次耕地地力调查与质量评价，主抓以下几方面技术培训：①宣传加强农业结构调整与耕地资源有效利用的目的及意义；②全县中低产田改造和土壤改良相关技术推广；③耕地地力环境质量建设与配套技术推广；④绿色无公害农产品生产技术操作规程；⑤农药、化肥安全施用技术培训；⑥农业法律、法规、环境保护相关法律的宣传培训。

通过技术培训，使全县农民掌握必要的知识与生产实行技术，推动耕地地力建设，提高农业生态环境、耕地质量环境的保护意识，发挥主观能动性，不断提高全县耕地地力水平，以满足日益增长的人口和物质生活需求，为全面建设小康社会打好农业发展基础平台。

第七节 耕地资源管理信息系统的应用

耕地资源信息系统以一个县行政区域内耕地资源为管理对象，应用 GIS 技术，对辖区内的地形、地貌、土壤、土地利用、农田水利、土壤污染、农业生产基本情况、基本农田保护区等资料进行统一管理，构建耕地资源基础信息系统，并将其数据平台与各类管理模型结合，对辖区内的耕地资源进行系统的动态管理，为农业决策、农民和农业技术人员提供耕地质量动态变化规律、土壤适宜性、施肥咨询、作物营养诊断等多方位的信息服务。

本系统行政单元为村，农业单元为基本农田保护块，土壤单元为土种，系统基本管理单元为土壤、基本农田保护块、土地利用现状叠加所形成的评价单元。

一、领导决策依据

这次耕地地力调查与质量评价直接涉及耕地自然要素、环境要素、社会要素及经济要素 4 个方面，为耕地资源信息系统的建立与应用提供了依据。通过全县生产潜力评价、适宜性评价、土壤养分评价、科学施肥、经济性评价、地力评价及产量预测，及时指导农业生产的发展，为农业技术推广应用作好信息发布，为用户需求分析及信息反馈打好基础。主要依据：一是全县耕地地力水平和生产潜力评估为农业远期规划和全面建设小康社会提供了保障；二是耕地质量综合评价，为领导提供了耕地保护和污染修复的基本思路，为建立和完善耕地质量检测网络提供了方向；三是耕地土壤适宜性及主要限制因素分析为全县农业调整提供了依据。

二、动态资料更新

这次垣曲县耕地地力调查与质量评价中，耕地土壤生产性能主要包括地形部位、土体构型较稳定的物理性状、易变化的化学性状、农田基础建设五个方面。耕地地力评价标准体系与1984年土壤普查技术标准出现部分变化，耕地要素中基础数据有大量变化，为动态资料更新提供了新要求。

（一）耕地地力动态资源内容更新

1. 评价技术体系有较大变化 这次调查与评价主要运用了"3S"评价技术。在技术方法上，采用文字评述法、专家经验法、模糊综合评价法、层次分析法、指数和法；在技术流程上，应用了叠置法确定评价单元，空间数据与属性数据相连接，采用特尔菲法和模糊综合评价法，确定评价指标，应用层次分析法确定各评价因子的组合权重，用数据标准化计算各评价因子的隶属函数并将数值进行标准化，应用了累加法计算每个评价单元的耕地力综合评价指数，分析综合地力指数，分布划分地力等级，将评价的地方等级归入农业部地力等级体系，采取GIS、GPS系统编绘各种养分图和地力等级图等图件。

2. 评价内容有较大变化 除原有地形部位、土体构型等基础耕地地力要素相对稳定以外，土壤物理性状、易变化的化学性状、农田基础建设等要素变化较大，尤其是土壤容重、有机质、pH、有效磷、速效钾指数变化明显。

3. 增加了耕地质量综合评价体系 土样、水样化验检测结果为全县绿色、无公害农产品基地建立和发展提供了理论依据。图件资料的更新变化，为今后全县农业宏观调控提供了技术准备，空间数据库的建立为全县农业综合发展提供了数据支持，加速了全县农业信息化快速发展。

（二）动态资料更新措施

结合这次耕地地力调查与质量评价，全县及时成立技术指导组，确定专门技术人员，从土样采集、化验分析、数据资料整理编辑，电脑网络连接畅通，保证了动态资料更新及时、准确，提高了工作效率和质量。

三、耕地资源合理配置

（一）目的意义

多年来，垣曲县耕地资源盲目利用，低效开发，重复建设情况十分严重，随着农业经济发展方向的不断延伸，农业结构调整缺乏借鉴技术和理论依据。这次耕地地力调查与质量评价成果对指导全县耕地资源合理配置，逐步优化耕地利用质量水平，对提高土地生产性能和产量水平具有现实意义。

垣曲县耕地资源合理配置思路是：以确保粮食安全为前提，以耕地地力质量评价成果为依据，以统筹协调发展为目标，用养结合，因地制宜，内部挖潜，发挥耕地最大生产效益。

（二）主要措施

1. 加强组织管理，建立健全工作机制　县上要组建耕地资源合理配置协调管理工作体系，由农业、土地、环保、水利、林业等职能部门分工负责，密切配合，协同作战。技术部门要抓好技术方案制定和技术宣传培训工作。

2. 加强农田环境质量检测，抓好布局规划　将企业列入耕地质量检测范围。企业要加大资金投入和技术改造，降低"三废"对周围耕地污染，因地制宜大力发展绿色无公害农产品优势生产基地。

3. 加强耕地保养利用，提高耕地地力　依照耕地地力等级划分标准，划定全县耕地地力分布界限，推广平衡施肥技术，加强农田水利基础设施建设，平田整地，淤地打坝，中低产田改良，植树造林，扩大植被覆盖面，防止水土流失，提高梯（园）田化水平。采用机械耕作，加深耕层，熟化土壤，改善土壤理化性状，提高土壤保水保肥能力。划区制定技术改良方案，将全县耕地地力水平分级划分到村、到户，建立耕地改良档案，定期定人检查验收。

4. 重视粮食生产安全，加强耕地利用和保护管理　根据全县农业发展远景规划目标，要十分重视耕地利用保护与粮食生产之间的关系。人口不断增长，耕地逐年减少，要解决好建设与吃饭的关系，合理利用耕地资源，实现耕地总面积动态平衡，解决人口增长与耕地矛盾，实现农业经济和社会可持续发展。

总之，耕地资源配置，主要是各土地利用类型在空间上的整体布局；另一层含义是指同一土地利用类型在某一地域中是分散配置还是集中配置。耕地资源空间分布结构折射出其地域特征，而合理的空间分布结构可在一定程度上反映自然生态和社会经济系统间的协调程度。耕地的配置方式，对耕地产出效益的影响截然不同，经过合理配置，农村耕地相对规模集中，既利于农业管理，又利于减少投工投资，耕地的利用率将有较大提高。

一是严格执行《基本农田保护条例》，增加土地投入，大力改造中低产田，使农田数量与质量稳步提高；二是园地面积要适当调整，淘汰劣质果园，发展优质果品生产基地；三是林草地面积适量增长，加大四荒拍卖开发力度，种草植树，力争森林覆盖率达到30％，牧草面积占到耕地面积的2％以上。搞好河道、滩涂地有效开发，增加可利用耕地面积。加大小流域综合治理，在搞好耕地整治规划的同时，治山治坡、改土造田、基本农田建设与农业综合开发结合进行；要采取措施，严控企业占地，严控农村宅基地占用一级、二级耕田，加大废旧砖窑和农村废弃宅基地的返田改造，盘活耕地存量调整，"开源"与"节流"并举，加快耕地使用制度改革。实行耕地使用证发放制度，促进耕地资源的有效利用。

四、土、肥、水、热资源管理

（一）基本状况

垣曲县耕地自然资源包括土、肥、水、热资源。它是在一定的自然和农业经济条件下逐渐形成的，其利用及变化均受到自然、社会、经济、技术条件的影响和制约。自然条件是耕地利用的基本要素。热量与降水是气候条件最活跃的因素，对耕地资源影响较为深刻，不仅影响耕地资源类型形成，更重要的是直接影响耕地的开发程度、利用方式、作物种植、耕作制度等方面。土壤肥力则是耕地地力与质量水平基础的反映。

1. 光热资源 垣曲县属温带半湿润大陆性季风气候，四季分明，冬季寒冷干燥，夏季炎热多雨。年均气温为 13.3℃，7 月最热，平均气温达 27～28℃，极端最高气温达 41.5℃。1 月最冷，平均气温－1.5℃，最低气温－22.6℃。县域热量资源丰富，大于 0℃ 的积温为 4 899℃，稳定在 10℃ 以上的积温 4 401℃。历年平均日照时数为 2 382 小时，无霜期 205 天。

2. 降水与水文资源 垣曲县全年降水量为 483.3 毫米，不同地形间雨量分布规律：北部和南部山区降水较多，降水量 500 毫米以上，平川地区较少，年降水量在 480 毫米以下，年度间全县降水量差异较大，降水量季节性分布明显，主要集中在 7 月、8 月、9 月这 3 个月，占年总降水量 55% 左右。

垣曲县位于黄土高原，属于水资源比较丰富的地区。地表水总量 3.347 亿立方米，河川径流量年平均值为 2.41 亿立方米，地下水 9 982.6 万立方米。但由于利用难度大，又是一个农业上的干旱缺水县。

3. 土壤肥力水平 垣曲县耕地地力平均水平较低，依据《山西省中低产田类型划分与改良技术规程》，分析评价单元耕地土壤主要障碍因素，将全县耕地地力等级的 2～5 级归并为 4 个中低产田类型，总面积 345 600 亩，占总耕地面积的 87.6%，主要分布于南北两山和丘陵区。全县耕地土壤类型为：褐土、潮土两大类，其中褐土分布面积较广，约占 83.3%，潮土约占 16.7%，全县土壤质地较好，主要分为沙质土、壤质土、黏质土 3 种类型，其中壤质土约占 80%。土壤 pH 为 8～9.32，平均值为 8.1，耕地土壤容重范围为 1.33～1.41 克/立方厘米，平均值为 1.34 克/立方厘米。

（二）管理措施

在垣曲县建立土壤、肥力、水热资源数据库，依照不同区域土、肥、水热状况，分类分区划定区域，设立监控点位、定人、定期填写检测结果，编制档案资料，形成有连续性的综合数据资料，有利于指导全县耕地地力恢复性建设。

五、科学施肥体系与灌溉制度的建立

（一）科学施肥体系建立

垣曲县平衡施肥工作起步较早，最早始于 20 世纪 70 年代未定性的氮磷配合施肥，80 年代初为半定量的初级配方施肥；90 年代以来，有步骤定期开展土壤肥力测定，逐步建立了适合全县不同作物、不同土壤类型的施肥模式。在施肥技术上，提倡"增施有机肥，稳施氮肥，增施磷，补施钾肥，配施微肥和生物菌肥"。

根据垣曲县耕地地力调查结果看，土壤有机质含量有所回升，平均含量为 15.99 克/千克，属省二级水平，比第二次土壤普查 11.52 克/千克提高了 10.15 克/千克。全氮平均含量为 0.84 克/千克，属省四级水平，比第二次土壤普查提高 0.299 克/千克；有效磷平均含量为 9.99 毫克/千克，属省五级水平，比第二次土壤普查提高 18.85 毫克/千克。速效钾平均含量为 157.71 毫克/千克，比第二次土壤普查提高 112.81 毫克/千克。

1. 调整施肥思路 以节本增效为目标，立足抗旱栽培，着力提高肥料利用率，采取"增氮、稳磷、补钾、配微"原则，坚持有机肥与无机肥相结合，合理调整养分比例，按耕地地力与作物类型分期供肥、科学施用。

2. 施肥方法 ①因土施肥。不同土壤类型保肥、供肥性能不同。对全县黄土台垣丘陵区旱地，土壤的土体构型为通体壤，一般将肥料作基肥一次施用效果最好；对五条河流两岸和黄河北岸的沙土、夹沙土等构型土壤，肥料特别是钾肥应少量多次施用；②因品种施肥。肥料品种不同，施肥方法也不同。对碳酸氢铵等易挥发性化肥，必须集中深施覆盖土，一般为 10~20 厘米，硝态氮肥易流失，宜作追肥，不宜大水漫灌；尿素为高浓度中性肥料，作底肥和叶面喷肥效果最好，在旱地做基肥集中条施。磷肥易被土壤固定，常作基肥和种肥，要集中沟施，且忌撒施土壤表面；③因苗施肥。对基肥充足，生长旺盛的田块，要少量控制氮肥，少追或推迟追肥时期；对基肥不足，生长缓慢田块，要施足基肥，多追或早追氮肥；对后期生长旺盛的田块，要控氮补磷施钾。

3. 选定施用时期 因作物选定施肥时期。小麦追肥宜选在拔节期追肥；叶面喷肥选在孕穗期和扬花期；玉米追肥宜选在拔节期和大喇叭口期施肥，同时可采用叶面喷施锌肥；棉花追肥选在蕾期和花铃期。

在作物喷肥时间上，要看天气施用，要选无风、晴朗天气，早上 8~9 点以前或下午 4 点以后喷施。

4. 选择适宜的肥料品种和合理的施用量施肥 在品种选择上，增施有机肥、高温堆沤积肥、生物菌肥；严格控制硝态氮肥施用，忌在忌氯作物上施用氯化钾，提倡施用硫酸钾肥，补施铁肥、锌肥、硼肥等微量元素化肥。在化肥用量上，要坚持无害化施用原则，一般菜田，亩施腐熟农家肥 3 000~5 000 千克、尿素 25~30 千克、磷肥 40 千克、钾肥 10~15 千克。日光温室以番茄为例，一般亩产为 6 000 千克，亩施有机肥 4 500 千克、氮肥（N）25 千克、磷肥（P_2O_5）23 千克，钾肥（K_2O）16 千克，配施适量硼、锌等微量元素。

（二）灌溉制度的建立

垣曲县为贫水区之一，主要采取抗旱节水灌溉为主。

1. 旱地区集雨灌溉模式 主要采用有机旱作技术模式，深翻耕作，加深耕层，平田整地，提高园（梯）田化水平，地膜覆盖，垄际集雨纳墒，秸秆覆盖蓄水保墒，高灌引水，节水管灌等配套技术措施，提高旱地农田水分利用率。

2. 扩大井水灌溉面积 水源条件较好的旱地，打井造渠，利用分畦浇灌或管道渗灌、喷灌，节约用水，保障作物生育期一次透水。平川井灌区要修整管道，按作物需水高峰期浇灌，全生育期保证 2~3 水，满足作物生长需求。切忌大水漫灌。

（三）体制建设

在垣曲县建立科学施肥与灌溉制度，农业、技术部门要严格细化相关施肥技术方案，积极宣传和指导；水利部门要抓好淤地打坝、井灌配套等基本农田水利设施建设，提高灌溉能力，并大力实施坡改梯工程，提高耕地的梯田化水平；林业部门要加大荒坡、荒山植树植被、绿色环境，并重点抓好核桃、花椒为主的干果基地建设，改善气候条件，提高年际降水量；农业环保部门要加强基本农田及水污染的综合治理，改善耕地环境质量和灌溉水质量。

六、信息发布与咨询

耕地地力与质量信息发布与咨询，直接关系到耕地地力水平的提高，关系到农业结构调整与农民增收目标的实现。

（一）体系建立

以县农业技术部门为依托，在省、市农业技术部门的支持下，建立耕地地力与质量信息发布咨询服务体系，建立相关数据资料展览室，将全县土壤、土地利用、农田水利、土壤污染、基本农业田保护区等相关信息融入电脑网络之中，充分利用县、乡两级农业信息服务网络，对辖区内的耕地资源进行系统的动态管理，为农业生产和结构调整做好耕地质量动态变化、土壤适宜性、施肥咨询、作物营养诊断等多方位的信息服务。在乡村建立专门试验示范生产区，专业技术人员要做好协助指导管理，为农户提供技术、市场、物资供求信息，定期记录监测数据，实现规范化管理。

（二）信息发布与咨询服务

1. 农业信息发布与咨询　重点抓好小麦、蔬菜、水果、中药材等适栽品种供求动态、适栽管理技术、无公害农产品化肥和农药科学施用技术、农田环境质量技术标准的入户宣传、编制通俗易懂的文字、图片发放到每家每户。

2. 开辟空中课堂抓宣传　充分利用覆盖全县的电视传媒信号，定期做好专题资料宣传，并设立信息咨询服务电话热线，及时解答和解决农民提出的各种疑难问题。

3. 组建农业耕地环境质量服务组织　在全县乡村选拔科技骨干及科技副村长，统一组织耕地地力与质量建设技术培训，组成农业耕地地力与质量管理服务队，建立奖罚机制，鼓励他们谏言献策，提供耕地地力与质量方面信息和技术思路，服务于全县农业发展。

4. 建立完善执法管理机构　成立由县土地、环保、农业等行政部门组成的综合行政执法决策机构，加强对全县农业环境的执法保护。开展农资市场打假，依法保护利用土地，监控企业污染，净化农业发展环境。同时配合宣传相关法律、法规，让群众家喻户晓，自觉接受社会监督。

第八节　垣曲县强筋小麦耕地适宜性分析报告

垣曲县是小麦商品粮基地县（区）之一，小麦历年来是全县第一大粮食作物和支柱产业，常年种植面积保持在 23 万亩左右，其中水浇地麦田 5 万亩。近年来随着食品工业的快速发展和人们生活水平的不断提高，对优质小麦的需求呈上升趋势。因此，充分发挥区域优势，搞好强筋小麦生产，抵御入世后对小麦生产的冲击，对提升小麦产业化水平，满足市场需求，提高市场竞争力意义重大。

一、强筋小麦生产条件的适宜性分析

垣曲县属暖温带季风型大陆性气候，光热资源丰富，雨热同季集中，年平均降水量为640.2毫米，年平均日照时数2 150小时，年平均气温为13.3℃，全年无霜期228天左右，历年通过0℃的积温达4 899℃，土壤类型主要为褐土、褐土性土，理化性能较好，为强筋小麦生产提供了有利的环境条件，小麦产区耕地面积30万亩，强筋小麦适宜种植面积8万亩。

强筋小麦产区耕地地力现状

1. 二级阶地、河漫滩及河漫滩边缘区 该区耕地面积35 392.63亩，强筋小麦适宜种植在积30 000亩，该区有机质含量17.43克/千克，属省三级水平；全氮0.89克/千克，属省四级水平；有效磷10.28毫克/千克，属省四级水平；速效钾162.85毫克/千克，属省四级水平；微量元素锰、钼、硼、铁均属四级水平。

2. 黄土塬梁地区 该区耕地面积41 489.4亩，强筋小麦适宜种植面积40 000亩，该区有机质含量16.64克/千克，属省二级水平；全氮0.85克/千克，属省四级水平；有效磷9.69毫克/千克，属省五级水平；速效钾含量155.67毫克/千克，属省四级水平；微量元素铁、硼、钼偏低。

3. 山地丘陵中下部缓坡区 该区耕地面积275 741.7亩，强筋小麦适宜种植面积10 000亩，该区有机质含量16.06克/千克，属省三级水平；速效钾含量159.57毫克/千克，属省四级水平；全氮0.85克/千克，属省四级水平；有效磷9.63毫克/千克，属省五级水平；微量元素钼、硼、铁较低。

二、强筋小麦生产技术要求

(一) 标准的引用

GB 3095—1982　大气环境质量标准

GB 9137—1988　大气污染物最高允许浓度标准

GB 5084—1992　农田灌溉水质标准

GB 15618—1995　土壤环境质量标准

GB 3838—1988　国家地下水环境质量标准

GB 4285—1989　农药安全使用标准

(二) 具体要求

1. 土壤条件 强筋小平的生产必须以良好的土、肥水、热、光等条件为基础。实践证明，耕层土壤养分含量一般应达到下列指标，有机质为（12.2±1.48）克/千克，全氮为（0.84±0.08）克/千克，有效磷为（29.8±14.9）毫克/千克，速效钾为（91±25）毫克/千克为宜。

2. 生产条件 强筋小麦生产在地力、肥力条件较好的基础上，要较好地处理群体与个体矛盾，改善群体内光照条件，使个体发育健壮，达到穗大、粒重、高产，全生长期

220～250 天，降水量 400～800 毫米。

（三）播种及管理

1. 种子处理 要选用分蘖高、成穗率高、株型较紧凑、光合能力强、落黄好、抗倒伏、抗病、抗逆性好的良种，要求纯度达 98％、发芽率 95％、净度达 98％以上。播前选择晴朗天气晒种，要针对性用绿色生物农药进行拌种。

2. 整地施肥 水浇地复种指数较高，前茬收获后要及时灭茬，深耕，耙耱。本着以产定肥，按需施肥的原则，亩产量水平为 400～500 千克的麦田，亩施纯氮 13～15 千克，纯磷 10～12 千克，纯钾 3～4 千克，锌肥 1.5～2 千克，有机肥 3 000～4 000 千克；亩产量水平为 300～400 千克的麦田，亩施纯氮 11～13 千克，纯磷 7～8 千克，纯钾 5～6 千克，锌肥 1～1.5 千克，有机肥 3 000 千克。

3. 播种 优质小麦播种以 9 月 25 日至 10 月 10 日播种为宜，播种量以每亩 8～10 千克为宜。

4. 管理

（1）出苗后管理：出苗后要及时查苗补种，这是确保全苗的关键。出苗后遇雨，待墒情适宜时，及时精耕划锄，破除板结，通气，保根系生长。

（2）冬前管理：首先要疏密补稀，保证苗全苗均。于 4 叶前再进行查苗，疏密补稀，补后踏实并在补苗处浇水。深耕断根，浇冬水前，在总蘖数充足或过多的麦田，进行隔行深耕断根，控上促下，促进小麦根系发育。其次是浇冬水，于冬至小雪期间浇水。墒情适宜时及时划锄。

（3）春季管理：返青期精细划锄，以通气、保墒，提高地温，促根系发育。起身期或拔节期追肥浇水。地力高、施肥足、群体适宜或偏大的麦田，宜在拔节期追肥浇水；地力一般、群体略小的麦田，宜在起身期追肥浇水。追肥量为氮素占 50％。浇足孕穗水，浇透浇足孕穗水有利于减少小花退化，增加穗粒数，保证土壤深层蓄水，供后期吸收利用。

在施肥上要考虑到：氮磷配合能改善籽粒营养品质；增施钾肥改善植株氮代谢状况；增施磷肥，可增加籽粒赖氨酸、蛋氨酸含量，改善加工品质；增施硼、锌等微量元素，可提高蛋白质含量；采用开花成熟期适当控水，能减轻生育后期灌水对小麦籽粒蛋白质和沉降值下降的不利影响，从而达到高产优质的目的。

（4）后期管理：首先是孕穗期到成熟期浇好灌浆水；其次是预防病虫害，及时防治叶锈病和蚜虫等。对蚜虫用 10％蚜虱净 4～7 克/亩，对叶锈病用 20％粉锈宁 1 200 倍液或 12.5％力克菌 4 000 倍液喷雾。防治及时可大大提高小麦千粒重；三是叶面喷肥，在小麦孕穗桃旗期和灌浆初期喷施光合微肥、磷酸二氢钾或 FA 旱地龙，可提高小麦后期叶片的光合作用，增加千粒重。

三、强筋小麦生产目前存在的问题

（一）土壤有效磷含量部分田块偏低

土壤肥力是提高农作物产量的条件，是农业生产持续上升的物质基础。从土壤养分分析结果来看，垣曲县强筋小麦产区有效磷含量与强筋小麦生产条件的标准相比部分地块偏低。生产中存在的主要问题是增加磷肥施用量。

（二）土壤养分不协调

从强筋小麦对土壤养分的要求来看，强筋小麦产区土壤中全氮含量相对偏低，速效钾的平均含量为偏高水平，而有效磷含量则与要求相差甚远。生产中存在的主要问题是氮、磷、钾配比不当，注重磷、钾肥施用。

（三）微量元素肥料施用量不足

微量元素大部分存在于矿物晶格中，不能被植物吸收利用，而微量元素对农产品品质有着不可替代的作用，生产中存在的主要问题是农户微肥施用量较低，甚至有不施微肥的现象。

四、强筋小麦生产的对策

（一）增施有机肥

一是积极组织农户广开肥源，培肥地力，努力达到改善土壤结构，提高纳雨蓄墒的能力；二是大力推广小麦、玉米秸覆盖等还田技术；三是狠抓农机具配套，扩大秸秆翻压还田面积；四是加快有机肥工厂化进程，扩大商品有机肥的生产和应用。在施用的有机肥的过程中，农家肥必须经过高温发酵，不得施用未经腐熟的厩肥、泥肥、饼肥、人粪尿等。

（二）合理调整肥料用量和比例

首先，要合理调整化肥和有机肥的施用比例，无机氮与有机氮之比不超过 1∶1；其次，要合理调整氮、磷、钾施用比例，比例为 1∶（0.8～1）∶0.4。

（三）合理增施磷钾肥

以"适氮、增磷、补钾"为原则，合理增施磷钾肥，保证土壤养分平衡。

（四）科学施微肥

在合理施用氮、磷、钾肥的基础上，要科学施用微肥，以达到优质、高产目的。

第九节　垣曲县耕地质量状况与核桃为主干鲜果标准化生产的对策研究

垣曲县核桃生产历史悠久，品种优良，特别是近年来品种更新换代，面积已达到 13 万亩，遍布全县 11 个乡（镇）的 186 个行政村。垣曲县属暖温带大陆性季风气候，光热资源丰富，雨量适中，昼夜温差较大，有利于核桃树的生长发育。山区丘陵面积大，土层深厚，土壤较肥沃，质地适中，园田化水平较高，年平均气温为 13.3℃，大于 10℃ 的积温在 4 899℃ 以上，降水量为 640.2 毫米，部分地下水适应开采利用，完全适合较大规模的核桃生产，过去一直有批量核桃销往全国各地，核桃品质好，受到广大客户的欢迎。

一、核桃主产区耕地质量现状

（一）耕地地力现状

从本次调查结果知，核桃栽植产区的土壤理化性状为：有机质含量平均值为 16.06

克/千克，属省三级水平；全氮含量平均值为 0.85 克/千克，属省四级水平；有效磷含量平均值为 9.63 毫克/千克，属省五级水平；速效钾含量平均值为 159.5 毫克/千克，属省四级水平；交换性钙 7.06 克/千克，属省三级水平；交换镁 0.51 克/千克，属省三级水平；微量元素含量铜属省四级水平，锌属省五级水平，铁、锰属省四级水平，硼属省三级水平。pH 为 8.09～8.78，平均值为 8.38。

（二）耕地环境质量状况

灌溉水环境质量现状：核桃属干鲜果类树种，对灌溉条件没有严格要求，各点位均符合我国农田灌溉水质标准。综合以上分析，垣曲县核桃主产区土壤环境条件较优越，水质良好。符合绿色食品产地要求，适宜于核桃的标准化生产。

二、垣曲县核桃栽植前期的规范化

1. 范围

本标准内规定了垣曲县核桃规范化生产园地选择与规划、栽植、土肥水管理。

本标准适用于无公害食品核桃的生产。

2. 标准的引用

NY/T 393　绿色食品　农药使用准则

NY/T 394—2000　绿色食品　肥料使用准则

NY/T 441—2001　苹果生产技术规程

NY/T 5012—2001　无公害食品　苹果生产技术规程

NY 5013　无公害食品　苹果产地环境条件

3. 园地规划与选择

（1）园地的规划与选择：核桃园建设作为核桃产业的重要基础工作，要求全面规划、合理安排，在围绕生长环境与粮经作物关系和适地适种、品种区域化原则的前提下，建立低成本、高效益、安全生产的核桃园。

（2）园地选择：

①气象条件。一般选择阳坡，园地位置在北纬 30°～40° 的北风向阳坡地带，年平均温度为 8～16℃，休眠期能耐 −25℃ 的低温，绝对高温不能大于 40℃，无霜期 150～240 天。

②立体条件。要求土壤深厚、疏松排水良好的土壤，深厚肥沃的石灰质沙壤土最好，pH 为 7.0～8.2，丘陵山坡地坡度要＜20°。山头、风口、低洼地均不适合核桃的栽植。

③栽植模式分纯核桃园和粮果间作核桃园两种。

（3）园地的规划：园地规划根据不同立地条件来规划栽植品种和方式。一般核桃园栽植密度为株行距为 5 米×7 米、5 米×8 米。株距要求 5～6 米，行距可根据间作农作物情况而定。山地丘陵梯田以梯田面宽为基准，一般一个梯田 1 行或 2 行。

为便于管理，每个园田不低于 50 亩，要按行政村为单位连片种植，形成规模经营基本单位。以地貌地形，土壤质地为基础规划连片种植的不同品种，为以后管理创造条件。

依据行政区划和立体条件，每个乡（镇）按地适种，集中连片，规模经营的指导思想指导规划。

4. 品种 规划本县核桃树种为中林系列，即中林 1 号，中林 3 号，中林 5 号早熟品种，即有特丰产型中林 1 号和中林 5 号，又搭配有适宜性强的品种辽河 1 号、礼品 1 号、2 号，抗晚霜、抗旱耐瘠薄，适宜山区栽植。

5. 栽植

（1）挖坑：按规划定植株行距定点，秋栽就在夏季挖穴，春栽则应在前一年冬天挖穴，植穴的直径和深度不小于 80～100 厘米，如果土壤黏重或出现石砾，要加大植穴，掺入客土草皮改良土壤。定植穴挖好后将土、有机肥、化肥混合回填至距地面 30 厘米，后灌水踏实。每穴施腐熟农家肥 20～50 千克，磷肥 2～3 千克。

（2）做好假植沧根、根系修剪和定植：苗拉回后先要湿土假植，栽植前一天用清水混生根粉浸泡 8～12 小时，使根充分吸水刺激根细胞生长，在栽植前逐个修根、主根用剪刀剪齐，全部露出白茬；在回填好的坑中央挖一个 40 厘米见方的小坑，将树苗栽入中央，埋土深度低于树苗原根茎土层，踩实，并修好树盘。

（3）浇水覆盖：栽好树苗后第一遍水要浇透，不能有干土在坑内，以使地下和地表水连接，水浇好后用 80～100 厘米的地膜呈锅底状将树盘覆盖好，在干旱缺水的区域要再盖上一层土，保证水分有效利用，减少浇水次数。

6. 树干整形及水肥管理

定植后立即进行细树整形，截断主干以促进幼苗主干生长，补截部位以下截口下专留 4～5 个芽为宜，一般在地面上 60～80 厘米为宜，截口用调和漆封口，等新芽 20 厘米后选择最强壮的萌芽培养中心领导干。

第一年的整形培养一个 1～1.2 米高的中心领导干。为促进主干生长，侧枝长至 2.5～3.0 厘米时进行摘心，主干长到 1.2 米以上时也将顶打掉（生长缓慢时不需要打掉），秋季白露或寒露时在 1～1.2 米处留整形带，打掉多余萌生芽。

小树栽植 20～30 天补浇 1 次水，新枝长 20 厘米后结合浇水补施尿素 50 克。

施肥 2～3 年后应再施氮肥 0.1～0.25 千克，7 月上旬施 1～2 次磷、钾肥，秋季落叶前施 20～30 千克有机肥并及时浇水。

土壤管理，即深翻改土：核桃的栽植可按行挖沟或按定植点挖穴。定植沟一般要求宽 80 厘米，深 80 厘米。定植穴要求按 1 米见方进行挖掘。回填时要求先填入 20～30 厘米厚的秸秆，再把腐熟的农家肥与表土混合填入，底土在栽植沟的两边做地埂，然后充分灌水，使根土密接。

7. 叶面，喷肥、摘心控长 7 月下旬开始施多效唑农药以及磷酸二氢钾叶面肥 2～3 次，使枝条健壮。

7 月底 8 月初摘心，利于营养积累、安全越冬。

8. 越冬管理

（1）树干涂白：生石灰 0.5 千克＋百粉 0.25 千克＋食盐 150 克＋石硫合剂残渣 0.5 千克（或石硫合剂 0.5 千克）＋动物油（或植物油）100 克＋水 4～5 千克＋少许杀虫剂。

（2）新发枝条套纸箔。

（3）除草。

三、核桃园土肥水管理

1. 土壤管理　土壤管理是核桃园管理的主要措施，主要有深翻、浅翻、保持水土、果园清耕、果园生草、粮果草果间作，树下覆盖、秸秆还田等措施。

（1）深翻：深翻在采收后至落叶前进行，深度应在 60～100 厘米范围内。深翻有四种不同方法：一是深翻扩穴法，根据根系生长情况逐年向外翻，扩大定植穴，直至株行间全部翻遍为止；二是梯田深翻法，梯田园自堰根向外，翻至与垫方接壤；三是行间深翻，每年在树冠投影外缘开 40～60 厘米，深 60～100 厘米的条状沟，直至全园通；四是全园翻，在建园前一次完成最好。

深翻要注意应表底土换位，少伤根。

（2）浅翻：一般在春秋季进行，深度在 20～30 厘米，人工机械均可作业，至树冠投影相均处为宜。

（3）保持水土：应根据具体情况，园内修建水土保持工程，修田埂、鱼鳞坑等。另外在沟边、地埂、路弯、坡顶合理的种植灌木，以湿养水源、保持水土。

（4）果园清耕：中耕一般每年 3～5 次，深度以 6～10 厘米为宜。

（5）果园生草：选择适宜的种类，如三叶草、紫花苜蓿、扁豆黄芪、绿豆等豆科植物，以致改善土壤结构，增加地力，改良土壤，并能改善小气候，增加果园天敌数量，促进果园生态平衡，另外果园生草有利于提高坚果品质，山地坡地有利于水土保持，还可果牧结合，提高耕地产出率。

（6）化学除草。

（7）间作：幼龄园可间作小麦、豆类、薯类、花生、绿肥、草莓等矮秆作物，忌种瓜菜和高秆作物，果期可在树下培养食用菌，提高果园效益。

（8）树下覆盖：树下覆盖包括覆盖草和覆盖地膜两种。

（9）秸秆还田：采用沟施深埋法，结合施用其他有机肥，沟宽、深均 50 厘米。每亩400 千克。

2. 施肥　根据果园土壤养分现状，结合核桃生产对养分的需求来制定各类养分需求量，具体以下列公式计算。

$$施肥量 = \frac{果树吸收元素总量 - 土壤供肥量}{肥料利用率}$$

核桃每年吸入元素的总量一般每生产 1 吨木材需要从土壤中吸收磷 0.3 千克、钾 1.4千克、钙 4.6 千克。每生产 1 吨核桃干果需从土壤中吸入氮 14.65 千克、磷 1.87 千克、钾 4.7 千克、钙 1.55 千克、镁 0.93 千克、锰 31 克。

实验推荐果树对肥料的利用率为：氮 50%、磷 30%、钾 40%、绿肥 40%、圈堆肥20%～30%。

土壤供肥量为：氮素为全氮的 1/3，磷、钾均为有效量的 1/2。

施肥量一般为：

结果前 1～5 年，每平方米冠幅面积施肥量为氮肥 50 克，磷、钾肥各 10 克；进入结果期 6～10 年，可提高到氮肥 50 克，磷、钾肥各 20 克，并施有机肥 5 千克。

早实核桃一般 1～10 年树，氮肥 50 克、磷肥 20 克，钾肥 20 克，有机肥 5 千克。

施肥方法有环状沟法、放射状法、条沟法、穴施法、叶面喷施等。

3. 灌溉　根据灌溉条件核桃园的灌溉分为萌芽期、花芽分化前、采收后 3 个阶段。无灌溉条件的地方应该注意冬季积雪保水，或利用鱼鳞坑、蓄水池拦蓄雨水。

4. 整形修剪　一般应在白露至秋分时期整形修剪，除病虫、枯死枝。

5. 核桃病虫害防治　防治原则：预防为主，从生物与环境总体出发，本着预防为主的指导思想和安全、经济、开放、简易的原则，充分利用自然界抑制病虫害的各种因素，创造不利于病虫危害发生的环境和各种因素，根据病虫危害发生发展规律，因地制宜，合理利用物理、生物、化学防治措施，综合防治，经济安全，有效的控制病虫危害，即达到高产、优质、高效的目的，又把可产生的副作用降到最低。

四、核桃的采收

1. 采收期　核桃采收期因成熟期不同而不同，早熟品种与晚熟品种相差 10～25 天。本县核桃成熟一般在 9 月上中旬或下旬。在同地区域，平川比山区早、阳坡比阴坡早，干旱年份较多雨年份旱。

2. 采收方法　采收方法有人工和机械两种采收方法。本县完全是人工采收方法。做法是青果皮由绿变黄，部分顶部出现裂纹，青果皮容易剥离时，人工用木杆或竹竿从树顶部至下部敲击果实所在的枝条或直接接触果实。用机械的方法是采收前 10～20 天喷布 500～2 000 微克/克乙烯利催熟，采收时用机械振动树干，使果实落于地面。

3. 脱青皮清洗

（1）脱皮：脱青皮有 3 种方法：一是堆沤脱皮法；二是药剂脱皮法；三是核桃青皮剥离机脱皮法。

堆沤脱皮法：将采收果实运到蔽荫处或室内堆放 50 厘米厚（过厚易腐烂），然后盖上一层麻袋或 10 厘米的草或树叶，堆沤 3～5 天青皮即可脱壳。用木板或铁锹稍加搓压即可脱去青皮。

药剂脱皮法：采收后，将青果喷浸 3 000～5 000 微克/克乙烯利浸蘸半分钟，再按堆沤脱皮法，2～3 天后即可脱皮。

核桃青皮脱剥机离法：该方法工作效率高，剥率达 88％，机械损伤率仅为 1％，生产率为 1 216 千克/小时。

（2）坚果漂洗：脱青皮后的坚果应及时清洗，坚果表面的残存烂皮、泥土及其他污染物。用清水清洗时，将洗涤的坚果放入筐中（放 1/2）放在流水或清水池中用扫帚搅洗 5 分钟，洗 3～5 次。洗完后要及时晾晒。缝合线不够紧密的或露仁的，只能用清水洗。脱皮与清洗要连续进行，间隔不能超过 3 小时。

4. 干燥方法　干燥方法有日照和烘烤两种方法。日照法应先将洗净的坚果摊放在竹箔或高粱秆上晾半天左右，待大部分水分蒸发后再摊放在芦席或竹箔上晾晒。晾晒时不能超过两层。晾晒时要经常翻边，待坚果水分含量低于 8％为宜；烘干处理，可采取烘干机械或火炕烘干两种方式中。不宜超过 15 厘米，温度控制为 35～40℃，快干时要降低温度至 30℃，并要不断翻动，以至达到成品要求。

5. 分级与包装

（1）**坚果的分级标准及包装**：在国际市场上，核桃商品坚果的价格与坚果大小有关。坚果越大价格越高。根据外贸出口的要求，以坚果直径为主要指标，通过筛孔为三等。30毫米以上为一等，28～30毫米为二等，26～28毫米为三等。美国现在推出大号和特大号商品核桃，我国正开始组织出口 32 毫米核桃商品。出口核桃坚果除以果实大小作为分级的主要指标外，还要求坚果壳面光滑、洁白、干燥（核仁水分不超过 4%），杂质、霉烂果、虫蛀果、破裂果总计不允许超过 10%。

2006 年我国国家标准局发布的《核桃坚果质量等级》国家标准中，以坚果外观、单果平均重量、取仁难易、种仁颜色、饱满程度、核壳厚度、出仁率及风味等八项指标将坚果品质分为 4 个等级。见表 8-3。

表 8-3 核桃坚果不同等级的品质指标（GB/T 20398—2006）

项目		特级	Ⅰ级	Ⅱ级	Ⅲ级
基本要求		坚果充实成熟，壳面洁净，缝合紧密，无露仁、虫蛀、出油、霉变、异味等果。无杂质，未经有害化学漂白处理			
感官指标	果 形	大小均匀，形状一致	基本一致	基本一致	
	外 壳	自然黄白色	自然黄白色	自然黄白色	自然黄白色或黄褐色
	种 仁	饱满，色黄白、涩味淡	饱满，色黄白、涩味淡	较饱满，色黄白、涩味淡	较饱满，色黄白或淡琥珀色，稍涩
物理指标	横径（毫米）	≥30.0	≥30.0	≥28.0	≥26.0
	平均果重（克）	≥12.0	≥12.0	≥10.0	≥8.0
	取仁难易度	易取整仁	易取整仁	易取半仁	易取 1/4 仁
	出仁率（%）	≥53.0	≥48.0	≥43.0	≥38.0
	空壳果率（%）	≤1.0	≤2.0	≤2.0	≤3.0
	破损果率（%）	≤0.1	≤0.1	≤0.2	≤0.3
	黑斑果率（%）	0	≤0.1	≤0.2	≤0.3
	含水率（%）	≤8.0	≤8.0	≤8.0	≤8.0
化学指标	粗脂肪含量（%）	≥65.0	≥65.0	≥60.0	≥60.0
	蛋白质含量（%）	≥14.0	≥14.0	≥12.0	≥10.0

核桃坚果一般部采用麻袋或纸箱包装。出口商品坚果根据客商要求，每袋重量为20～25 千克，包口用针缝严并在袋左上角标注批号。

（2）**无公害安全坚果的要求**

①感官要求：根据中华人民共和国农业行业标准《无公害食品 落叶果树坚果》（NY 5307—2005）要求：同一品种，果粒大小均匀，果实成熟饱满，色泽基本一致，果面洁净。无杂志，无霉烂，无虫蛀，无异味，无明显的空壳、破损、黑斑和出油等缺

陷果。

②安全指标：安全指标应符合表8-4。

表8-4 安全指标（NY 5307—2005）

项　目	指　标
铅（以 Pb 计），毫克/千克	≤0.4
镉（以 Cd 计），毫克/千克	≤0.05
汞（以 Hg 计），毫克/千克	≤0.02
铜（以 Cu 计），毫克/千克	≤10
酸价，KOH，毫克/千克	≤4.0
过氧化值，当量浓度/千克	≤6.0
亚硫酸盐（以 SO_2 计），毫克/千克	≤100
敌敌畏（dichlorvos），毫克/千克	≤0.1
乐果（dimethoate），毫克/千克	≤0.05
杀螟硫磷（fenitrothion），毫克/千克	≤0.5
溴氰菊酯（deltamethrin），毫克/千克	≤0.5
多菌灵（carbendazim），毫克/千克	≤0.5
黄曲霉素 B_1，微克/千克	≤5

注：其他有毒有害物质的指标应符合国家有关法律、法规、行政规章和强制性标准的规定。

（3）取仁方法及核仁分级标准与包装：

Ⅰ.取仁方法：我国核桃取仁的方法有人工和机械取仁两种。人工取仁过程中，须注意果实摆放位置，根据坚果三个方位强度的差异及核仁结构，选择缝合与地面平行放置，敲击时用力要均匀，防止过猛和多次敲打，以免境多碎仁。为了减轻坚果砸开后种仁受污染，砸仁之前一定要搞好卫生，清理场地，不能直接在地上砸。坚果砸破后要装入干净的筐篓或堆放在铺有席子、塑料布的场地上。剥壳仁时，尽量做到戴上洁净手套，仁要装入干净的容器中，然后再分级包装。

目前机构取仁有以下几种方法：①离心碰撞式破壳法。此方法碎仁太多，所以应用很少；②化学腐蚀法。由于此方法在实际操作中不好控制，仁易受到腐蚀，处理不好还会造成对环境的污染。因此，人们不愿接受；③超声波和真空破壳取仁法。这两种方法设备昂贵，破壳成本高，且破壳效果不够理想；④定间隙挤压破壳法。目前应用较多，但由于核桃品种繁杂，尺寸差异较大、形状不规则、壳仁间隙小。所以，核桃的破壳取仁难度较大，破壳后还需进行壳仁分离，加之碎壳、碎仁上有许多毛刺。

张志华等（1995）发明的核桃螺旋加压取仁器，简便实用，加压均匀，但效率较低，适宜家庭使用。

Ⅱ.核桃仁的分级标准与包装：核桃仁主要依其颜色和完整程度划分为八级：

白头路：1/2 仁，淡黄色；

白二路：1/4 仁，淡黄色；

白三路：1/8 仁，淡黄色；

浅头路：1/2 仁，浅琥珀色；

浅二路：1/4 仁，浅琥珀色；

浅三路：1/8 仁，浅琥珀色；

混四路：碎仁，种仁色浅且均匀；

深四路：碎仁，种仁深色。

在核桃仁收购、分级时，除注意核仁颜色和仁片大小之外，还要求核仁干燥，水分不超过 4%；核仁肥厚，饱满，无虫蛀，无霉烂变质，无杂味，无杂质。不同等级的核桃仁，出口价格不同，白头路最高，浅头路次之。便我国大量出口的商品主要为白二路、白三路、浅二路和浅三路 4 个等级。混四路和深 4 路均作内销或加工用。

核桃仁出口要求按等级用纸箱或木箱包装。每箱核桃仁净重一般为 20～25 千克。包装时需采取防潮措施。一般是在箱底和四周垫硫酸纸等防潮材料，装箱之后立即封严、捆牢。在箱子的规定位置上印明重量、地址、货号。

6. 核桃储藏　核桃适宜的储藏温度为 1～3℃，相对湿度 75%～80%。一般的储藏温度也应低于 5℃。一般长期储藏的核桃含水量不得超过 7%。储藏方法因储量和所储时间不同而异。

（1）室内储藏法：即将晾干的核桃装入布袋或麻袋中，放在干燥、通风的室内储藏。为了避免潮湿，最好下垫石块并严防鼠害。此法只能作短期存放，过夏易发生霉烂、虫害和酸败变味。

（2）低温储藏：长期储存核桃应有低温条件。如储量不多，可将坚果封入聚乙烯袋中，储存在 0～5℃ 的冰箱中，可保持好品质 2 年以上。大量储存可用麻袋包装，储存在 0～1℃ 的低温冷库中，效果较好。

（3）薄膜帐储藏：在无冷库条件的地方，可采用塑料薄膜帐密封储藏核桃。具体做法是：选用 0.2～0.23 毫米厚的聚乙烯膜做成帐，其大小和形状可根据存储量和仓储条件设置。秋季将晾干的核桃入帐，在北方因冬季气温低、雨水少、空气干燥，不需立即密封，待翌年 2 月下旬气温逐渐回升时再封帐。应选择低温、干燥的天气密封，使帐内空气湿度不高于 50%～60%，以防密封后霉变。南方秋末冬初气温高，空气湿度大，核桃入帐时必经加吸湿剂后密封，以降低帐内湿度。当春末夏初气温升高时，在密封的帐内亦不安全，这是可配合充二氧化碳或充氮法降低含氧量（2% 以下），以抑制呼吸，减少损耗，防止霉烂、酸败及虫害。二氧化碳达到 50% 以上或充氮 1% 左右，效果均很理想。

核桃贮藏过程中常有鼠害和虫害发生，必须经常检查，及时采取防治措施。用溴甲烷（40～56 克/平方米），熏蒸库房 3.5～10 小时，或用二硫化碳（40.5 克/平方米）密封 18～24 小时，均有显著的除虫效果。

五、核桃标准化生产的对策研究

1. 采用优良的核桃品种　配合不同地形地力等级区域的土壤肥力是基础，也是核桃生产发展的基本保证，垣曲县不同区域及肥力状况均适宜优质核桃生产。

全县山地，坡地，垣地和沿河一级、二级阶梯各种地类齐全，海拔为 200～1 500 米，年平均气温 13.3℃，无霜期 240 天，≥10℃有效积温 3 899℃以上，日照时数 2150 小时，土壤质地中壤偏多。pH 为 8.2 左右，部分区域有灌溉条件，完全符合核桃生产要求。

2. 建园要控大坑，栽浅树　并提前挖坑，标准必须为 800～1 000 厘米见方。表土与有机肥、化肥和杀虫剂混合后回填入，并灌水踏实，亩施有机肥为 500～1 000 千克，磷肥为 40～60 千克，并进行逐年深翻扩穴，直至株行间全部翻通。

3. 实施果园生草技术　对大面积的坡耕地和梯田，除一部分实行果粮间作、果经间作外，要大力采用果园生草技术，发展大面积的豆类、草类覆盖果园行间，以改善土壤结构，提高土地肥力，改良土壤，创造防止水土流失的有利条件，同时改善小气候，促进果树害天敌繁殖。

4. 合理施肥，促进核桃良性生产发展　要根据耕地土壤肥力调查结果及核桃生产对肥力的需求量，制定合乎核桃生产的有机质氮、磷、钾、微肥使用标准，制定适宜的施肥时间（包括叶面喷肥），促生核桃树的生长发育，开花结果，并且严格控制污染，生产合格的核桃产品。

5. 管护是保证　要根据不同时期果树的要求进行中耕，补浇水，防治病虫危害严格按标准化生产要求施用农药，并结合生物防治、综合管理，保证果品质量。

图书在版编目（CIP）数据

垣曲县耕地地力评价与利用/王小果主编 . —北京：
中国农业出版社，2015.12
ISBN 978-7-109-21196-4

Ⅰ. ①垣… Ⅱ. ①王… Ⅲ. ①耕作土壤－土壤肥力－
土壤调查－垣曲县②耕作土壤－土壤评价－垣曲县 Ⅳ.
①S159.225.4②S158

中国版本图书馆 CIP 数据核字（2015）第 285920 号

中国农业出版社出版
（北京市朝阳区麦子店街 18 号楼）
（邮政编码 100125）
责任编辑 杨桂华

中国农业出版社印刷厂印刷 新华书店北京发行所发行
2016 年 3 月第 1 版 2016 年 3 月北京第 1 次印刷

开本：787mm×1092mm 1/16 印张：10 插页：1
字数：250 千字
定价：80.00 元
（凡本版图书出现印刷、装订错误，请向出版社发行部调换）

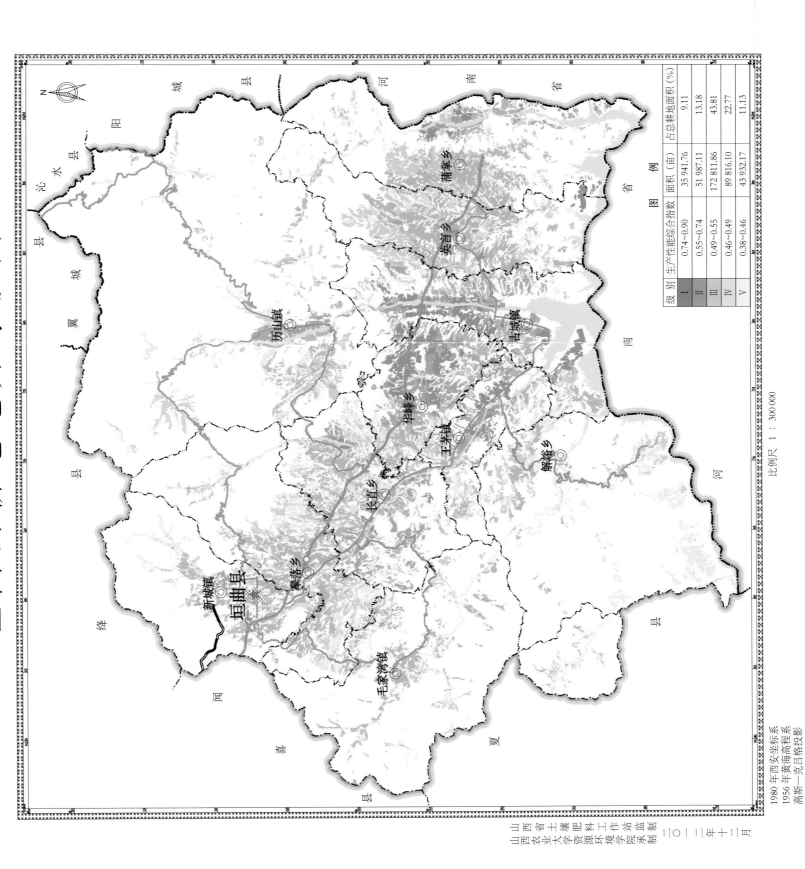

垣曲县耕地地力等级图

山西省土壤肥料工作站监制
山西农业大学资源环境学院承制 二○一二年十二月

1980 年西安坐标系
1956 年黄海高程系
高斯—克吕格投影

比例尺 1：300 000

级 别	生产性能综合指数	面积（亩）	占总耕地面积（%）
I	0.74~0.90	35 941.76	9.11
II	0.55~0.74	51 987.11	13.18
III	0.49~0.55	172 811.86	43.81
IV	0.46~0.49	89 816.10	22.77
V	0.38~0.46	43 932.17	11.13

图 例

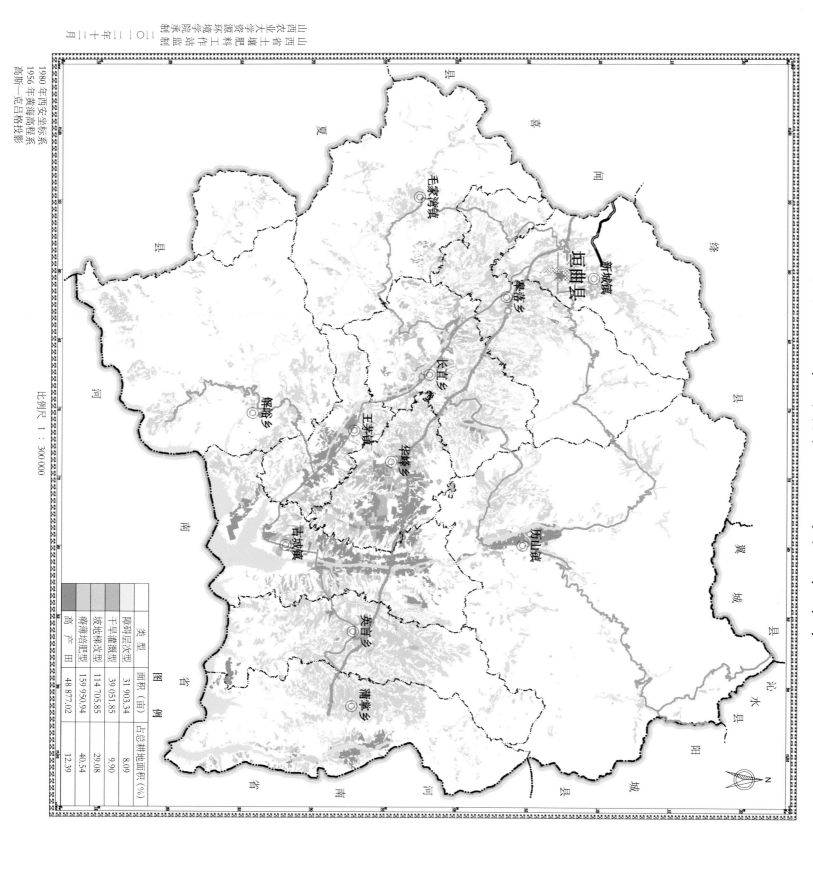

垣曲县中低产田分布图

山西省土壤肥料工作站
山西农业大学资源环境学院
编制

西安坐标系
1956年黄海高程系
高斯—克吕格投影

二〇一二年十二月

比例尺 1：300 000

类型	面积（亩）	占总耕地面积（%）
障碍层次型	31 903.34	8.09
干旱灌溉型	39 051.85	9.90
坡地梯改型	114 705.85	29.08
瘠薄培肥型	159 950.94	40.54
高产田	48 877.02	12.39

图例